U0182917

Drools 8
规则引擎
核心技术与实践

朱智胜 著

DROOLS 8

RULE ENGINE

Core Technology and Practice

机械工业出版社
CHINA MACHINE PRESS

图书在版编目（CIP）数据

Drools 8 规则引擎：核心技术与实践 / 朱智胜著 .

北京：机械工业出版社，2024. 8. -- ISBN 978-7-111

-76186-0

Ⅰ. TP391.3

中国国家版本馆 CIP 数据核字第 2024EL8650 号

机械工业出版社（北京市百万庄大街 22 号　邮政编码 100037）

策划编辑：孙海亮　　　　　　责任编辑：孙海亮　王　芳
责任校对：梁　静　李　杉　　责任印制：张　博
北京建宏印刷有限公司印刷
2024 年 8 月第 1 版第 1 次印刷
186mm × 240mm · 16 印张 · 314 千字
标准书号：ISBN 978-7-111-76186-0
定价：99.00 元

为什么要写这本书

2015 年我首次接触 Drools 规则引擎，当时我在做一个金融系统，需要使用规则引擎来处理大量反洗钱业务场景。由于场景的复杂性、多样性和多变性，传统的 if-else 判断和简单的脚本化处理已经无法满足业务需求，而市面上做得比较好的、开源的规则引擎非 Drools 莫属。

但是，我在学习和使用的过程中遇到了一个难题：技术资料匮乏。当时，我搜遍整个网络都无法找到相对全面的中文资料，唯一能够提供完整参考资料的就是官方的英文文档，即便如此，文档中对语法的讲解和使用案例的说明也不足。

于是，在随后的学习和使用过程中，我做了一些事情，比如翻译英文文档、编写实战案例、补充官方资料的不足等，并在博客上发布了近百篇相关文章，同时建立了一些技术交流群，录制了一些视频教程。

如今，再次搜索相关资料时，我发现网络上关于 Drools 规则引擎的资料越来越丰富了，而且许多文章和案例都是基于我的博客文章扩展而成的，这也算是我在这一领域所作的贡献之一吧。

同时我也发现，目前网络上的文章和书籍，大多停留在基础语法的使用和说明上，缺少深入的、系统的、贴近实战的案例。于是，我便有了写这本书的想法。

在写这本书时，我更多的是希望为技术社区多做一些贡献。在写作的过程中，不少朋友提供了实战案例和技术支持，在此表示感谢。写作、分享、为技术社区做贡献，这些都是非常有意义的事情，也希望更多的朋友以更丰富的形式为国内技术的发展添砖加瓦。

读者对象

本书涵盖了 Drools 规则引擎的使用场景、实现原理、基础语法、项目集成、实战案例、算法等多方面的内容，因此，理论上适合各类读者群体阅读：

- ❑ 有一定 Java 编程语言基础的 Drools 规则引擎初学者。
- ❑ 想深入了解和实践 Drools 规则引擎的开发者。
- ❑ 希望使用规则引擎对项目进行设计和重构的架构师。
- ❑ 对规则引擎感兴趣的技术爱好者。
- ❑ 大专院校相关专业的学生。

本书特色

关于 Drools 规则引擎，目前市面上有两类资料（文章和书籍）：一类为基础的语法讲解，另一类为简单的实战案例。这些资料虽然能够帮助初学者入门，但无论是语法的罗列还是简单实战案例的代码展示，都无法让初学者或系统架构师从整体、系统、深入浅出的视角来学习和实践。再加上 Drools 规则引擎自身有非常多的灵活组合方案，于是大家就面临一个困境：语法学会了，简单的案例也写了，就是无法着手去实践。

本书的重点（或者说是特色）便是带领读者解决此难题。本书站在初学者的视角，先从 Drools 规则引擎的使用场景、实现原理出发，使读者理解什么场景适合使用规则引擎，它是如何运作的；然后，基于 Drools 规则引擎的核心语法结构、简单示例，使读者了解 Drools 的基本使用；接着，用大量篇幅来介绍各类组合案例以及如何将其集成到项目当中，其中既有我参与的项目，也有一些大厂项目。通过这样的结构设计，可帮读者学会技术选型，掌握基础语法，完成技术集成并学会设计适合自己项目的解决方案。最后，本书为想了解底层算法的读者简单介绍了规则引擎的算法实现，以便读者知其然也知其所以然。

本书的另外一个特色就是，在 Drools 框架的版本方面做到了最大的覆盖，兼顾历史版本和新版本的语法与解决方案。除已经过时的 Drools 5 之外，本书详细讲解了 Drools 6/7 的基础语法、组件支持（附录部分）、解决方案，以及 Drools 8 的传统语法、规则单元（新语法）、云原生实践等，以最大限度地满足读者的实践场景需要。

如何阅读本书

本书分为 3 篇：

- 基础篇（第 1～5 章），简单介绍规则引擎的使用场景、实现原理，以及 Drools 规则引擎的基础语法和核心 API 的使用。这部分旨在帮助读者快速了解相关背景、基础语法知识，并熟悉 Drools 规则引擎的代码编写。
- 高级篇（第 6～10 章），着重讲解 Drools 规则引擎决策管理系统架构、与 Spring Boot 的集成、与 Kogito 云原生的集成、转转图书的 Drools 实战案例、自建 Drools BRMS 实战等。这部分为本书的重点，也是读者在实践中常常无从下手的地方。这部分以从整体到局部的案例场景向读者演示如何进行实践，以便读者可以根据自己的业务场景选择最合适的实践方案。
- 拓展篇（第 11 和 12 章），简单介绍 Drools 规则引擎的底层算法实现以及可与人工智能（AI）配合使用的场景，旨在拓宽读者的视野和思路。

此外，附录（附录 A 和附录 B）是基于 Drools 6/7 提供的 BRMS 组件的两种实战方案，以便使用这两个版本的读者更好地进行实践以及构建自己的 BRMS。

上述内容按照递进关系展开，但又相对独立。初学者顺序阅读学习即可；已经有一定经验的读者，如果需要了解解决方案或实现原理等，可以直接阅读对应章节。

勘误和支持

由于我的水平有限，编写时间仓促，书中难免会出现一些错误或者不准确的地方，恳请读者批评指正。为此，我特意创建了一个提供在线支持与应急方案的二级站点 https://github.com/secbr/drools-book，书中所有案例源码都可以从这里下载。读者也可以将发现的书中错误发布在勘误表页面中。读者遇到任何问题，可以访问问答（Q&A）页面，我将尽量在线上为读者提供解答。

致谢

首先感谢一直在推动 Drools 规则引擎发展，为这个技术领域做贡献的朋友们。

感谢转转的杜云杰、项赢，他们提供了案例分享以及技术和解决方案的支持。

谨以此书献给我最亲爱的家人，以及众多热爱技术分享的朋友们。

朱智胜

目 录 *Contents*

基础篇

第1章 规则引擎简介 ·········· 2

1.1 什么是规则引擎 ·········· 2

1.2 为什么要使用规则引擎 ·········· 4

  1.2.1 规则引擎的使用场景 ·········· 4

  1.2.2 规则引擎的优缺点 ·········· 5

  1.2.3 举例分析 ·········· 6

1.3 规则引擎的使用流程 ·········· 7

1.4 规则引擎家族 ·········· 9

  1.4.1 Drools ·········· 9

  1.4.2 Ilog JRules ·········· 9

  1.4.3 Easy Rules ·········· 9

  1.4.4 Jess ·········· 10

1.5 Drools 规则引擎家族 ·········· 10

1.6 Drools 规则引擎的主要版本 ·········· 12

第2章 规则引擎的架构与原理 ·········· 14

2.1 基于规则引擎的业务系统架构 ·········· 14

  2.1.1 业务系统架构的变化 ·········· 14

  2.1.2 规则引擎的系统架构 ·········· 17

2.2 规则引擎的实现原理 ·········· 18

  2.2.1 推理引擎模型 ·········· 18

  2.2.2 规则数据模型 ·········· 20

2.3 Drools 中的基础概念 ·········· 22

第3章 初识 Drools 规则引擎 ·········· 23

3.1 如何循序渐进地学习 ·········· 24

3.2 创建第一个 Drools 项目 ·········· 24

  3.2.1 环境准备 ·········· 25

  3.2.2 创建项目 ·········· 26

  3.2.3 业务实现 ·········· 29

  3.2.4 运行验证 ·········· 31

3.3 项目结构详解 ·········· 32

  3.3.1 事实对象 ·········· 32

  3.3.2 规则文件 ·········· 33

  3.3.3 kmodule.xml 配置 ·········· 35

  3.3.4 API 使用 ·········· 35

3.4 Drools 8 语法示例 ·········· 36

  3.4.1 创建 Drools 8 项目 ·········· 36

  3.4.2 业务实现 ·········· 37

基础篇

规则引擎简介

对于软件开发或产品人员来说，唯一不变的就是变化。市场在变，用户群体在变，用户行为在变，软硬件设备环境在变，系统风险因素在变，甚至"羊毛党"薅"羊毛"的方式也在变。面对这么多不断变化的因素，我们可以将一部分变化限定在一定范围内，将业务逻辑抽象为规则，与数据分离，形成特定的解决方案。用来管理和执行这些规则的系统，可称为"规则引擎"。

本章重点从以下方面介绍规则引擎：规则引擎的使用场景、规则引擎的基本使用流程、规则引擎家族（含 Drools 规则引擎家族）以及 Drools 规则引擎的主要版本。其中，前两项要重点关注，它们是技术选型和使用规则引擎的理论依据，决定了如何在项目中更好地使用规则引擎，以及如何更好地制作具体的规则。

1.1　什么是规则引擎

世界运作皆有规则。以生活中的规则为例：过马路，要遵守交通规则；工作中，要遵从公司制度；家庭中，要遵从道德规范……

不同的人可选择不同的做法——遵守或不遵守规则，对应的选择就是具体的"决策"。如果选择遵守规则，可能的结果是自己和他人的人身安全得到保障、升职加薪、获得道德荣誉；反之，可能就会面临安全风险、事业失败、受到道德谴责。

面对形形色色的规则，不同的人有不同的决策，而不同的决策必然会得到不同的结果，这一系列场景、规则、参与者的决策、结果等便构成了规则引擎的整个运作过程。

在领域模型中，常见的做法是基于面向对象的编程思想，将业务逻辑抽象为对象、对象的属性和对象的方法。这个做法有一个明显的特征，那就是规则与业务系统是完全耦合的，你中有我，我中有你。一旦涉及规则的修改，必然引起软件工程的全流程操作（代码编写、测试覆盖、上线发布等），最直观的影响就是投入成本增加、效率变低。为了解决这类问题，规则引擎产品及相应的技术框架应运而生。

在软件世界中，最多的便是"是与非""0 和 1"的判断，每个业务分支该如何走，如何处理，会有怎样的结果，都是通过业务规则来判断、处理和展示的。

面对简单的或相对固定不变的判断，我们通常通过 if…else…逻辑判断来处理。但如果某部分业务逻辑随时都可能变化，或者说在频繁地变化，依旧采用这种传统模式来处理，那么面临的将是频繁的代码改动与系统发布。

这对企业运营、开发团队，甚至客户都意味着成本和折磨。那么是否可以将变化的部分抽离，当需要改变规则时只需要简单地修改一些参数或少量修改代码，即可完成业务规则的变更呢？

当然可以，规则引擎便是为解决此痛点而生的，同时出现了不同的技术解决方案，其中一种解决方案便是本书的主角——Drools 规则引擎。

Drools 是最早由 JBoss 开发、目前由 Red Hat 开源的规则引擎，属于 Red Hat 的 KIE Group 组件之一，可以比较方便地与 Red Hat 的其他产品集成。比如，可以与 jBPM 工作流相结合实现对复杂规则流的管理。另外，它也可以与机器学习（Machine Leaning，ML）、深度学习（Deep Leaning，DL）等外部类库相整合，实现 Pragmatic AI 相关功能。

Drools 基于 Java 语言编写，是市面上主流的开源规则引擎框架。Drools 的推理策略算法（Phreak 规则算法）在经典的 Rete 算法上进行升级和增强，算法成熟，可以高效匹配规则。Drools 允许使用声明方式表达业务逻辑，可以使用非 XML（可扩展标记语言）的本地语言编写规则，既便于学习和理解，也便于业务人员查看和管理规则。同时，它还可以直接将 Java 代码嵌入规则文件当中，给开发人员提供了极大的便利。

通过 Drools 规则引擎，可以将复杂多变的业务规则抽离到 Drools 支持的存储介质（数据库、文本文件、JAR 包等）当中。需要改变业务逻辑时，只需修改存储介质中的逻辑判断，便可达到快速修改业务规则且避免频繁发布系统的效果。

Drools 官方除提供了规则引擎的核心功能外，还提供了一系列基于该开源框架的组件（KIE Server、Business Central Workbench、Kogito 等），便于使用者直接集成使用。同时它还支持多种形式的规则构建，可根据客户的具体需要灵活生成、管理规则。

在 Drools 6.x、7.x 版本中，Drools 的规则管理系统（Business Central Workbench）提供了可视化的操作界面，运营人员可直接通过界面来修改规则、发布规则及完成其他操作，从而减少开发、运营成本，提升效率。在 Drools 8.x 中以 Kogito 替代了 KIE Server 和 Business Central Workbench 相关的功能。

虽然本书主要围绕 Drools 规则引擎来展开，但市面上大多数规则引擎的使用和实现原理都类似。建议读者在学习和使用时尽量将规则引擎的使用方法抽象成模型，融会贯通于各类规则引擎的使用中。关于此部分，在后面的章节中我也会帮助大家进行提炼和总结。

1.2　为什么要使用规则引擎

在了解了什么是规则引擎，以及它能够解决什么问题之后，要理解为什么要使用规则引擎就变得简单了。本节重点从规则引擎的常见使用场景及简单的示例分析着手，来讲解使用规则引擎的原因、条件和场景。

1.2.1　规则引擎的使用场景

在技术交流的过程中，常常有刚入门的人提问："我们这样的业务是否适合使用规则引擎？"如果你有同样的疑问，建议先根据现有的业务场景问一下自己："我们为什么要使用规则引擎？它能为我们解决什么问题？又能给我们带来什么问题？"

可以明确的一点是，一旦引入了规则引擎，系统的复杂性会增加，如果是重量级的规则引擎，复杂性会增加得更多。Drools 算是一个比较重量级的框架，它的引入不但会增加系统的复杂性，还会增加相关人员的学习成本。如果再与 KIE Server、Business Central Workbench、Kogito 等进行整合，学习成本将更高。

因此，在使用一款规则引擎前，首先要考虑现有业务场景面临的问题是否值得引入规则引擎，而不是如何引入。

规则引擎本质上就是将业务逻辑中变化的部分抽离成一系列规则，使得原本通过硬编码实现的业务逻辑分离为规则和数据，然后围绕数据和规则提供一些管理和处理功能。

规则也可以被理解为一种脚本，脚本通常会包含两部分：条件判断和行为执行。当满足条件判断时，会触发行为的执行。对照 Drools 的规则脚本，就是：when 和 then 部分。其中，条件判断（when 部分）相当于代码中的 if 判断，行为执行（then 部分）就是符合判断之后所执行的业务逻辑，相当于满足 if 之后要执行的代码。

理解了规则引擎的基本实现逻辑之后，使用规则引擎的场景就很明确了：当系统中出现大量 if…elseif…else…时，就可以考虑将这些判断抽离到规则引擎当中。

但在抽离的过程中还要思考一个问题：值不值得？并不是说只要有 if…elseif…else…就适合用规则引擎，引入规则引擎还要满足以下两个前提条件：

- ❏ **复杂度高**。业务流程分支非常复杂，判断变量庞大。
- ❏ **变化多**。判断具有不确定性，变更频率较高，同时需要做出快速响应和决策。

思考一下：用户注册时，用户名、密码参数校验是否适合使用规则引擎？答案是：不适合。虽然在此过程中也会用到 if…elseif…else…，也能用规则引擎来替代它们，但它们的业务复杂度不高，所以没必要引入规则引擎。

上面的两个前提条件只是供使用者判断的参考维度，并不是强制条件，也不是说必须同时具备才能使用规则引擎。比如，业务系统有大量的阈值判断，这些阈值判断虽然都很简单，但业务需要运营人员进行不定时的配置，同样也可以考虑使用规则引擎。

通俗地讲，之所以使用规则引擎，就是因为要解决频繁修改规则导致的低效问题。对于业务逻辑复杂或规则增长、变化迅速的场景，才需要将复杂多变的规则从硬编码中解放出来，以规则文件的形式存放，使得规则的变更不再或尽量避免以修改代码、重启服务的形式上线。

1.2.2　规则引擎的优缺点

规则引擎的优缺点也是选择规则引擎的重要参考指标。

Drools 规则引擎的优点如下：

- ❏ **声明式编程**：简化对复杂问题的逻辑表述和验证，提高逻辑的可阅读性。业务分析师和运营人员也可参与此部分操作。
- ❏ **逻辑和数据分离**：业务逻辑原本分散在多个对象或服务当中，通过规则引擎可将业务逻辑抽离，放置于规则当中，通过一条或多条规则来呈现，既方便跨域关联逻辑，也方便集中管理和维护。分离的最终呈现形式为数据位于"域对象"中，业务逻辑位于"规则"文件中。
- ❏ **性能**：基于增强的 Rete 算法，能够高效实现业务对象与规则的匹配。
- ❏ **可扩展性**：规则的新增、修改变得容易，具有较强的可扩展性。
- ❏ **知识集中化**：所有的规则逻辑集中于知识库当中，方便统一管理，同时也可对系统的整体规则进行鸟瞰。

Drools 规则引擎的缺点如下：

❑ **系统复杂度**：Drools 规则引擎整体偏重量级，被引入之后，将规则与数据分离，新增的框架、系统交互等，都会增加系统的复杂度。

❑ **增加学习成本**：要掌握规则语法、框架、集成以及规则管理系统，需要学习成本的投入。

❑ **引入新组件的风险**：一旦新的组件被引入系统中，该组件自身的风险也成为整个系统的风险。

1.2.3 举例分析

下面举两个例子来说明规则引擎的使用场景，大家也可以参考上面提到的两个前提条件。

1. 电商平台优惠

在电商的优惠活动当中经常会出现如下业务场景：今天可能全场满 100 元减 10 元，明天可能部分商品满 100 元送 10 元优惠券，后天可能调回原价。在这些满减过程中，不同等级的 VIP 会员还可能有不同的额外折扣。

想象一下上面的业务场景，随着优惠维度的增多，判断的工作量会成倍增长，此时业务已具备一定的复杂度，简单的 if…elseif…else… 或数据库配置参数阈值已经无法满足业务需求。另外，这种优惠活动的时效性往往极强，变化具有快速和不确定性。如果每次都经过一个完整的需求、开发、测试、发布的流程，不仅会浪费资源，也会带来时效性问题。所以，此场景适合使用规则引擎。

2. 风控系统

以金融或借贷的风险控制（简称风控）系统为例。在此类系统中重点要把控两个因素：人和交易。不同的人有不同的信用等级，也就对应不同的借贷或交易额度。风控系统把控的便是不同人的交易行为，也就是说对于风控系统来说，输入的业务数据是基本不变的，而业务规则、政策、风控模型等会随时发生变化。

这种基于有限输入拓展无限规则模型的场景，非常适合使用规则引擎。以此种场景中用户信用评级为例，当新用户加入，输入证件、年龄、收入等基本信息之后，通过各项数据的权重便可给用户一个初始的信用等级。随着交易行为的发生，信用等级可能有所增减，进而随着信用等级的增减，用户的日交易限额、单笔交易限额、月累计交易限额等都会发生变化。

在上述过程中，用户初始信用等级评定时各项数据的权重可能会随着业务数据的分析、反馈进行变化和调整，用户信用等级与交易之间的关系也会随着平台整体业务数据的分析而变动。特别是通过各个维度以及历史交易情况来分析和预测用户的当前交易是否有风险，判断是否需要进行阻断等操作，都离不开规则引擎。

除了上述电商平台优惠和风控系统两个场景外，规则引擎在实践中还会用于 IoT（物联网）、保险、消费贷、财务计算、日志分析处理等业务场景。

1.3 规则引擎的使用流程

上面我从概念和使用场景的维度介绍了规则引擎，这一节介绍规则引擎的使用流程及其可以带来的方便之处。

在未使用规则引擎的情况下，改动业务逻辑的基本步骤如图 1-1 所示。

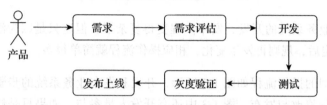

图 1-1 未使用规则引擎时改动业务逻辑的基本步骤

图 1-1 也可视为一个新功能开发的基本流程，不同的公司或项目组可能会有更复杂、更严格的新功能开发上线流程。在没有使用规则引擎时，一般公司或项目组合按照一个项目发布流程来更新规则。

当引入规则引擎之后，新需求的处理流程会有两种情况：初次新增规则和修改已有规则。这里的初次新增规则不仅包括从无到有的过程，也包括传入的业务数据（在 Drools 中也称作 Fact 对象、事实对象，它就是一个承载业务数据的普通 JavaBean）已无法满足现有规则的情况，需要修改或新增 Fact 对象的场景。

以前文的用户信用评级为例。起初以用户的证件、年龄、收入等数据的权重评定用户信用等级，随着业务的发展，需要增加一个固定资产（比如持有房产）数据，而且此数据所占权重还比较大，这会导致其他数据的权重发生变化。初次新增规则的操作流程如图 1-2 所示。

在图 1-2 中，新增规则的过程涉及规则脚本的编写、发布等工作。在实践中，以 Drools 为例，一旦修改了原始的 Fact 对象，那么规则中对应的 Fact 对象也需要修改。也就是说，业务系统和规则引擎的规则需要同时修改和发布。由于系统架构不同，因此其操作流程也并不一定像图 1-2 那样按照严格的线性顺序。如果给运营人员提供了规则管理页面，在该流程中可能还需要同时修改规则管理的部分页面。

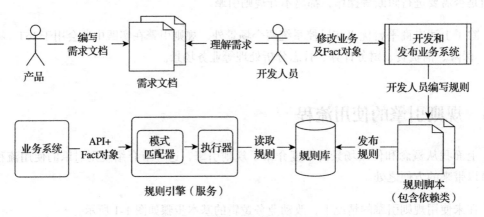

图 1-2 初次新增规则的操作流程

表面上整个业务系统的开发、发布流程变得复杂了，但这只是因为涉及了新增业务维度。业务维度稳定后，规则再发生变化，相应操作流程就简单很多。

修改已有规则的操作流程如图 1-3 所示，开发和发布业务系统的步骤没有了，取而代之的是规则脚本的修改与发布。图 1-3 中还有开发人员参与，如果只是修改现有规则的一些条件或条件的组合，大多数情况下不需要开发人员参与。

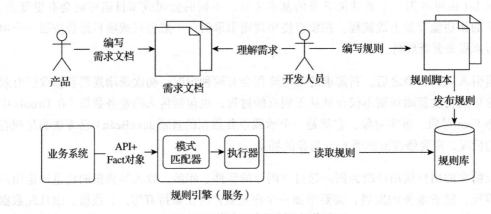

图 1-3 修改已有规则的操作流程

其中，规则脚本的修改与发布往往是通过独立的规则管理平台来操作的，并不影响核心业务系统。图 1-3 中操作规则脚本的是开发人员，如果系统中规则管理平台设计得足够人性化，运营人员经过简单培训，便可直接修改、发布规则。此时，规则引擎的灵活性发挥到了极致，支持随时修改规则并发布，而不用修改业务系统代码和发布业务系统。

1.4 规则引擎家族

市面上的规则引擎比较多，通常分为商用版和开源版两类。常见的规则引擎有 Drools、Ilog JRules（商用）、Easy Rules、Jess、Visual Rules（商用）、QLExpress 等。在规则引擎选型时，企业可根据自身要求、是否付费，以及业务特性进行考量。

1.4.1 Drools

Drools 是目前开源且比较活跃、比较主流的规则引擎，几乎每几个月就发布新的版本，它也是本书要讲解的规则引擎。Drools 规则引擎采用 Phreak 算法（演绎法，在 Rete 算法上改进的算法），同时配套 KIE 系列（KIE Server、Business Central Workbench、Kogito 等）辅助规则系统，支持多种形式的规则载体（比如 .drl 文本文件、字符串、Excel、DSL 等），功能强大，成熟度高，社区活跃。但由于 KIE 系列的系统不仅支持 Drools，还支持 JBoss 的其他功能，因此属于重量级的实现。如果技术团队有一定的实力，可以抛弃 Drools 提供的规则管理、发布等系统（重量级且不太符合国人操作习惯），直接用最核心的 API 配合自主研发的规则管理系统，以达到轻量级、定制化的目的。

1.4.2 Ilog JRules

Ilog JRules 是一种商用规则引擎，所支持的功能比较全面，提供了比较完整的业务规则管理系统（Business Rule Management System，BRMS）。它是基于 Java 语言开发的，可以部署到任何 J2EE 项目，能够轻松集成到 IDE（集成开发环境）中。

Ilog JRules 提供了 3 种可选的运行模式：RetePlus、Sequential 和 FastPath。RetePlus 模式也采用 Rete 算法，但对其进行了扩展和优化。该模式在计算和关联性类型的应用方面拥有卓越的性能，执行过程中会循环匹配规则，这一点与 Drools 规则引擎类似。顾名思义，Sequential 模式即顺序运行模式，也就是规则引擎按照顺序判断执行规则，但不会修改工作内存（Working Memory）中的数据。该模式适用于校验和一致性等类型的应用。FastPath 模式是增强的 Sequential 模式，顺序运行，可能会修改工作内存中的数据，但不会重复触发匹配。该模式综合了 RetePlus 和 Sequential 的特性，适合在关联性应用和校验类应用中使用。

1.4.3 Easy Rules

Easy Rules 是一种基于 Java 的开源规则引擎，其功能相当于 Drools 规则引擎最核心部分的简化版本，但使用起来非常简单，学习成本低，容易上手。Easy Rules 通过对规则的抽象来创建包含条件和操作的规则，同时提供了用来评估规则条件和规则执行操作的

RulesEngine API。整体而言，Easy Rules 有以下特点：轻量级，API 易于学习，基于 POJO 开发，通过抽象来定义业务规则并应用，支持创建复合规则，可基于 MVEL 和 SpEL 表达式语言来定义规则。但 Easy Rules 并未提供相关规则管理功能，不是一款完整的 BRMS 产品，可在规则比较简单的场景中使用，或自主研发相应的管理、发布等系统。

1.4.4　Jess

Jess 是基于 Java 语言编写的规则引擎，使用 Rete 算法的增强版本来处理规则，具有体积小、速度快、脚本语言强大（可访问完整的 Java API）等特点。Jess 拥有向后链接和工作记忆查询等独特的功能。Jess 采用的是 CLIPS 程序设计语言，需要专业的开发人员才能使用。Jess 也只提供规则引擎部分，并非一套完整的 BRMS 产品。Jess 可免费用于学术用途，也可被许可用于商业用途。

除了上述规则引擎之外，还有由我国科技部和财政部的创新基金支持的 Visual Rules（完整的 BRMS 商用产品）、用于表达式动态求值的轻量级规则引擎 Aviator（基于 Java）、可嵌入应用的轻量级规则引擎 QLExpress（基于 Java）等。纵观市面上的这些规则引擎，一些是商业化版本，一些没有完整的 BRMS 支撑，同时还面临技术社区活跃度、文档丰富度、解决方案成熟度等方面的问题，因此企业在选型时一定要多维度综合考虑。

想要使用开源的规则引擎，通常可从以下方案中选择：方案一是采用 Drools 这类支持完整 BRMS 的产品，但它们比较重量级，门槛较高；方案二是采用 Easy Rules、QLExpress 等轻量级规则引擎，不向运营人员提供规则管理；方案三是基于 Drools 核心部分、Easy Rules、QLExpress 等，自主研发规则管理系统；方案四是完全根据自身业务，自主实现规则引擎。对于中小企业，我推荐采用方案一或方案三。如果条件允许或为满足特定要求，企业当然也可以直接购买商用版本，支持和服务都会好一些。

在了解了规则引擎的整体情况之后，我在后面章节将基于 Drools 规则引擎进行实战讲解，并尽可能地抽象出规则引擎通用的模型、架构、思维、算法、实战经验等。在学习的过程中，大家也可以与其他规则引擎进行对照，达到融会贯通的效果。

1.5　Drools 规则引擎家族

上面介绍了市面上的一些主流规则引擎，后续章节便主要围绕 Drools 规则引擎来展开。在进入实战章节之前，先从整体上介绍 Drools 规则引擎。

Drools 系列自 6.0 版本以后便引入了一个概念——KIE（Knowledge Is Everything，知

识就是一切），它是 JBoss 的一组项目的总称，这个名字渗透到了 GitHub 源代码和 Maven pom 中。随后 KIE 也被用于统一构建、部署和使用这类系统的共享操作中。在后续 Drools 的使用过程中，大家会发现实现的上层接口基本上都是以 KIE 为前缀或在 kie 包下的。

Drools 8 版本下 KIE 系列项目的结构图如图 1-4 所示。

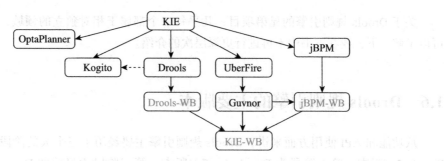

图 1-4 KIE 系列项目的结构图

从图 1-4 中可以整体看到 KIE 所包含的项目组件以及 Drools 在其中的位置。在 Drools 8 之前，Drools、Drools-WB 和 KIE-WB 是学习 Drools 的重点。但在 Drools 8 中，Drools-WB 和 KIE-WB 已经退役，随之而来的是将相应的功能部署到 Kogito（云原生组件）当中。

下面简单介绍图 1-4 中涉及的组件及其功能。

❑ **Drools-WB 和 KIE-WB**：Drools、jBPM 等提供了可视化资源部署、管理平台，通过该平台运营人员可进行规则的创建、编辑、发布等操作。鉴于在 Drools 8 版本中，Drools-WB 和 KIE-WB 已经不再是 Drools 的组件，它们在低版本中依旧可用，因此对这部分的功能和使用将在本书的附录中进行介绍。

❑ **Kogito**：一种开源的端到端业务流程自动化（BPA）技术，用于在现代容器平台上开发、部署和执行流程与规则的云原生应用。Kogito 包含多个组件的支持，比如 Drools、jBPM、OptaPlanner、UI 建模工具等。Kogito 针对混合云环境进行了优化，历经实战检验，可以使开发人员灵活地在其特定领域的服务上构建云原生应用，为业务流程管理（BPM）提供灵活的开源解决方案。

❑ **OptaPlanner**：属于 kiegroup 的组别，目前已经是一个独立的项目了。它是一个基于 Java 的轻量级、可嵌入的规划调度引擎。比如，可以优化车辆路径规划问题、雇员排班问题、云计算资源调度问题、任务分配问题等商业资源规划的问题。值得注意的是，OptaPlanner 在使用约束描述和收益函数计算时，以 Drools 作为工具为佳。

❑ **UberFire**：一个功能类似 Eclipse 的全新的基础工作台项目，带有插件中的面板和页面，独立于 Drools 和 jBPM。任何人都可以将它作为构建工作台的基础工具，它也是构建整个 JBoss 控制台和工作台的工具，Business Central Workbench 便是通过

UberFire 和 Guvnor 插件构建的。

❑ jBPM（Java Business Process Management，**业务流程管理**）：一款开源的业务流程管理系统，它覆盖了业务流程管理、工作流管理、服务协议等领域。其原开发团队离开 JBoss 之后，推出了功能类似的 Activity 框架。在图 1-4 中，因 KIE-WB 已经完美地整合了工作流，jBPM-WB 对于 KIE-WB 便是多余的，因此显示为灰色。

关于 Drools 规则引擎的兄弟项目，几乎每一个都属于相对独立的领域，感兴趣的读者可以了解一下，我在本书中不再进行更深层次的介绍。

1.6 Drools 规则引擎的主要版本

从功能和 API 使用方面来讲，Drools 规则引擎主要经历了三个大的阶段。第一阶段为 Drools 5.x 版本，第二阶段为 Drools 6.x/7.x 版本，第三阶段为目前的 Drools 8.x 版本。下面简单介绍这三个阶段对应版本的功能及特性。

Drools 5.x 作为早期 Drools 的一个相对成熟的版本，曾被广泛运用于生产当中，具有以下功能及特性：

❑ 提供了基础的声明式编程，可以使用 DRL（Drools Rule Language，Drools 规则语言）编写规则。

❑ 提供了基于 Rete 算法的规则匹配引擎。

❑ 支持决策表（Decision Table）、决策树（Decision Tree）等多种规则表示方式。

❑ 支持事件处理（Event Processing），可以处理复杂事件。

❑ 提供了 Eclipse 的开发插件等。

基本上，在 Drools 5.x 系列版本中，Drools 已经满足了大多数需求，适用于大多数业务场景。

Drools 6.x 和 7.x 版本，在 Drools 5.x 版本的基础上进行了优化和改进，特别是统一了新的 API，且不再向下兼容 Drools 5.x。Drools 6.x 和 7.x 版本引入的主要特性如下：

❑ Drools 6.x 引入了 KIE 的概念，统一管理规则、流程和其他知识资源。

❑ Drools 6.x 提供了一个基于 Web 的规则管理系统（KIE Workbench），可以在线编写、测试和部署规则。

❑ Drools 6.x 支持规则的动态加载和更新，可以在运行时修改规则而无须重启应用。

❑ Drools 6.x 改进了规则引擎的性能，提供了更多优化选项。

❑ Drools 6.x 支持与其他 Java 框架（如 Spring）的集成。

- ❏ Drools 7.x 支持 DMN（Decision Model and Notation，决策模型和符号）标准，可以使用 DMN 模型表示和执行决策。
- ❏ Drools 7.x 提供了一个基于 Web 的 DMN 模型编辑器，可以在线创建和编辑 DMN 模型。
- ❏ Drools 7.x 支持 GraalVM，可以将规则编译成本地代码，以提高运行速度。
- ❏ Drools 7.x 改进了规则引擎的性能和稳定性，修复了一些已知问题。
- ❏ Drools 7.x 支持与其他云平台（如 OpenShift）的集成。

可以看出，除了 Drools 6.x 对 API 的大改动和引入 Web 规则管理系统之外，其他都是不断优化、迭代以方便用户使用的功能。因此，Drools 6.x 和 7.x 版本也是目前使用的主流版本。

Drools 8.x 版本是目前新的大版本，整个规则引擎的核心开始转型到云原生和微服务，以适应目前软件行业的发展。Drools 8.x 的核心功能与 6.x 和 7.x 基本一致，其主要特性及变化如下：

- ❏ 移除了 Drools 6.x 提供的 Web 规则管理系统，具体来说就是 KIE Server 和 Business Central Workbench。
- ❏ 由于所需 Java 版本等，移除了 Security Manager 功能，移除了 OSGi 的支持。
- ❏ 废弃了部分依赖类库，比如 drools-mvel、drools-engine-classic 等，对依赖类库进行了新的调整。
- ❏ 正式采用 Kogito 及相关云原生组件进行服务和规则的部署。
- ❏ 正式采用规则单元（Rule Unit）语法格式。
- ❏ 对性能和算法进行优化提升。

Drools 8.x 对原有的 Web 规则管理系统的移除以及对云原生的全面支持都是比较重要的功能特性，对于项目的架构和语法实现都有非常大的影响。本书将以 Drools 8.x 的功能为核心进行讲解，同时也会兼顾 Drools 6.x 和 Drools 7.x 的传统语法及功能。

至此，关于规则引擎的基本介绍就告一段落了，后续章节将以示例来演示如何使用，并通过实战来总结经验和知识点，同时分析、汇总规则引擎的底层设计理念等。

Chapter 2 | 第 2 章

规则引擎的架构与原理

第 1 章介绍了规则引擎的一些基础概念和使用场景，本章将从系统架构和运行原理两个方面对规则引擎进行更深入的介绍。

不同的规则引擎在架构、算法和功能实现上都有所区别，本章所讲的架构和原理均基于 Drools 规则引擎的设计理念。虽然其他轻量级、重量级或商用的规则引擎的具体功能实现可能会与此有所不同，但基本理念相差不大，可以相互借鉴。

2.1 基于规则引擎的业务系统架构

在第 1 章中我们已经知道当引入规则引擎之后，开发、部署、运营等操作流程会发生巨大变化，而引起操作流程变化的根本原因是业务系统的架构发生了变化。

规则引擎将多变的业务逻辑进行抽离，并单独处理，而一个完整的 BRMS（业务规则管理系统）通常又包含规则库（知识库）、管理平台等组件。本节先来对比一下使用规则引擎前后，业务系统架构发生的变化。

2.1.1 业务系统架构的变化

首先，我们回顾一下未使用规则引擎时，业务系统的架构及处理流程。这里为了重点突出规则引擎的部分，对业务系统的架构做了简化处理，如图 2-1 所示。

在图 2-1 中，业务系统被简化为操作用户、业务系统和数据存储（数据库）三个部分，规则引擎要替换的便是业务系统中变动比较频繁、逻辑比较复杂的一部分业务逻辑，对应图 2-1 业务系统中的 if…else…部分。

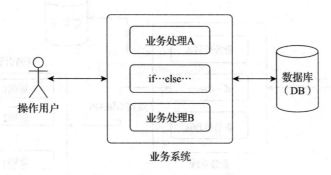

图 2-1　简化的业务系统架构

在图 2-1 中，基本的业务操作包含以下步骤：

1）用户请求业务系统。

2）业务系统处理相对不变的逻辑 A。

3）业务系统处理通过 if…else…实现的（或频繁变动的）业务逻辑。

4）业务系统处理相对不变的逻辑 B。

5）业务系统持久化数据并将结果返回给用户。

系统改造时，重点关注的就是业务系统中 if…else…那部分。在未使用规则引擎时，如果此部分的业务逻辑频繁发生变动，就会导致业务系统频繁开发、测试、发布……

于是，我们引入了规则引擎，将 if…else…部分的逻辑放在规则引擎中处理，与此同时也新增了规则管理平台等辅助系统。业务系统会通过 API 或其他形式与规则引擎交互。于是，基于规则引擎的业务系统架构如图 2-2 所示。

在图 2-2 中，将原有业务系统中的 if…else…逻辑抽象成了规则引擎中的一条条规则，业务系统不再关心对这部分变化逻辑的处理，只关心输入数据、规则引擎 API 的调用及返回结果。

引入规则引擎之后，整个业务处理流程可概括为以下步骤：

1）用户请求业务系统。

2）业务系统处理相对不变的逻辑 A。

3）业务系统调用规则引擎的 API，并传入必要参数（Fact 对象）。

4）规则引擎根据传入参数进行规则匹配处理，并返回结果。

5）业务系统处理相对不变的逻辑 B。

6）业务系统持久化数据并将结果返回给用户。

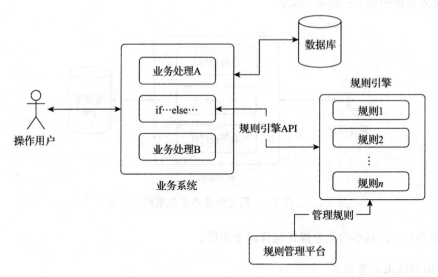

图 2-2 基于规则引擎的业务系统架构

这一改造也与设计模式中的开闭原则一致，都是将可扩展的部分单独剥离。业务系统通过规则引擎提供的 API 来调用对应的规则，设计时要尽量确保 API 不会因规则变动而发生大的变动。

对比图 2-1 和图 2-2，会发现引入规则引擎之后整个业务系统架构有两方面的变化：第一，频繁变动的业务逻辑交由规则引擎管理了，当业务逻辑再变动时，不用发布应用系统了；第二，系统的架构因引入规则引擎而变复杂了。

第一方面的变化，原本就是引入规则引擎的目的，经过规则引擎的封装，平台的运营人员可直接参与规则的管理。最终实现大多数情况下无须重新发布系统，无须开发人员参与即可实现业务变动。

第二方面的变化就需要注意了，多引入一套系统就需要额外承担相应的风险，在技术选型时一定要考虑好这方面的因素。

关于架构部分，这里暂时不做过多展开，后续在实战过程中我会结合具体的场景更加深入地进行讲解。

了解了业务系统层面的架构之后，我们再深入一层，来了解一下规则引擎内部系统（包含 BRMS）层面的架构及运行原理。

2.1.2　规则引擎的系统架构

这里所说的规则引擎的系统架构,不仅包括规则引擎框架自身的功能组件(由框架提供),还包括外围的辅助系统。比如,轻量级的规则引擎没有规则库(知识库)和规则管理平台,如果企业自主研发了这部分功能,那么它们也同样属于规则引擎的体系。

Drools(7.x 及之前版本)规则引擎提供了完整的 BRMS,虽然 Drools 8 中已经移除了相关功能支持,但 Drools 7.x 中官方提供的 BRMS 的功能实现及思路与企业自主研发 BRMS 的实现及思路基本一致。因此,在系统架构层面,我仍然以 Drools 7.x 版本中的 BRMS 为例来进行讲解。

基于上一节的业务系统架构图,将业务系统部分简化,同时将规则引擎部分细化,于是就得到了更详细的规则引擎内部系统架构图,如图 2-3 所示。

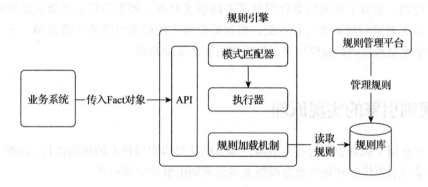

图 2-3　规则引擎内部系统架构图

在图 2-3 中,除了业务系统以外,主要部分还包括规则引擎(核心)、规则库(知识库)、规则管理平台等。需要注意的是,规则引擎可以通过多种形式读取规则,并非都是直接读取数据库的,这里只是示意。

结合图 2-3 来简单梳理一下规则引擎的运作流程:

1)规则引擎启动时加载规则库规则,后续规则变动时支持动态加载。

2)业务系统调用规则引擎的 API,并传入事实对象(Fact 对象)。

3)规则引擎通过模式匹配器对传入的事实对象和规则集合进行匹配,筛选符合条件的规则。

4)规则引擎通过执行器来执行符合条件的规则。

5)规则引擎执行完毕,将结果返回业务系统。

按照功能,图 2-3 所示架构可分为三部分:规则管理、业务系统和规则引擎。

规则管理，包括规则库和规则管理平台。规则库内的规则可通过规则管理平台由业务人员进行修改、发布等操作。一旦规则库被修改，需要触发规则引擎重新加载规则。通常规则的修改与加载分别由规则管理平台和规则引擎实现。

业务系统，在图 2-3 所示架构中与规则的具体实现可以说是解耦的。

规则引擎提供的 API 不会发生变化（除非升级版本），这里重点关注业务系统传递的事实对象。事实对象是规则引擎执行规则时的决策因子，通俗讲就是与规则匹配所需的数据，可类比接口调用时的 VO（Value Object，值对象）。

在 Drools 中，事实对象就是一个普通的 JavaBean，规则的条件判断就是通过它所携带的数据来进行的。事实对象会被存储在 Drools 规则引擎的工作内存中，用于后续规则的匹配。在工作内存中，事实对象的公共（public 所修饰的）方法是可以被直接调用的。

有了规则，也有了规则的条件判断所需的事实对象，剩下的核心功能就是规则引擎通过算法将事实对象和规则集合相匹配，也就是我要讲的规则引擎的实现原理。下一节就通过推理引擎模型和规则数据模型来讲解规则引擎的实现原理。

2.2　规则引擎的实现原理

上一节介绍了规则引擎的业务架构，本节就从架构中最核心的规则执行（匹配）部分入手，基于推理引擎模型和规则数据模型来讲解规则引擎的实现原理。

本质上讲，这两个模型既从不同的维度上描述了规则引擎的实现原理，同时又互为补充。大家只有学习和理解了这些基本概念和模型，才能够更好地使用规则引擎或自主设计规则引擎。很多朋友无法快速入门规则引擎，原因之一就是缺少对规则引擎实现原理的理解。

这里以 Drools 规则引擎为基准来进行讲解。

2.2.1　推理引擎模型

规则引擎的核心实现通常由三部分构成：规则库（Rule Base，也称知识库）、工作内存（Working Memory）和推理引擎（Inference Engine）。这里推理引擎与决策引擎（Decision Engine）为同一含义。

在业务架构部分，我们已经看到规则库主要用来存储规则，工作内存主要用来存储事实对象，那么推理引擎是干什么的？顾名思义，就是基于事实对象和规则集合进行推理，筛选出符合条件的结果。

推理引擎的实现包含三个核心组件：模式匹配器（Pattern Matcher）、议程（Agenda）和执行引擎（Execution Engine）。

规则引擎的原理示意如 2-4 所示。

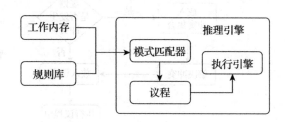

图 2-4　规则引擎的原理示意

在图 2-4 中，工作内存中存储事实对象，对应的就是业务数据。规则库中存储业务人员定制的形形色色的规则。推理引擎将两者整合并利用模式匹配器、议程、执行引擎对事实对象与规则进行匹配，解决规则冲突以及规则执行的问题。

推理引擎通常有两种推理方式：演绎法和归纳法。Drools 规则引擎使用的是演绎法，目前最高效的演绎算法当属 Rete 算法（Drools 采用的 Phreak 算法便是基于 Rete 算法改进的）。所谓的演绎法就是从一个事实（Fact）出发，不断地根据规则（Rule）执行相应的操作。所谓的归纳法则是根据假设不断地寻找符合条件的事实。

图 2-5 展示了规则引擎的基本步骤。首先，初始数据（一个或多个事实对象）被输入工作内存中。接着，模式匹配器将数据和规则进行比较。如果同时激活多个规则（即发生冲突），则将规则放入冲突集合并解决。规划好的规则被顺序地放入议程中，由执行引擎进行执行。需要注意的是，模式匹配器的执行到最终规则的执行完成是一个循环执行过程，直到议程中的规则执行完毕，才输出最终结果。

经常有朋友询问：Drools 规则引擎中规则的执行顺序是怎样的？通过图 2-5，我们可以了解到规则引擎中的推理引擎首先会将所有的事实对象和规则集合进行匹配。这里只是匹配，并没有执行规则。所有匹配之后符合执行条件的规则会被放入议程当中，然后才统一执行，并循环这一过程。因此，规则的执行并不是每条规则从头到尾执行完之后再执行下一条规则的。

通过以上对推理引擎模型的学习，我们对规则引擎的原理已经有了基本的了解。接下来，我们从数据和规则之间的关系入手，进一步理解规则数据模型。

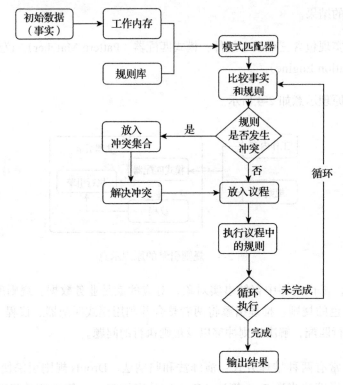

图 2-5　推理引擎的基本步骤

2.2.2　规则数据模型

推理引擎模型是从推理逻辑层面描述规则的，当然我们还可以从数据流转的维度来进一步了解规则的执行，也就是规则数据模型。这里所说的数据模型就是基于入参数据、依据规则处理、输出结果的运转机制。

从本质上讲，规则可以被抽象为一个函数，我们所说的事实对象便是函数的输入值 x，规则便是函数的对应关系 $f(x)$，规则执行之后的结果便是函数的输出。所以，一个规则可以通过如下函数来定义：$y = f(x_1, x_2, \cdots, x_n)$。

当然，实际执行的过程中，一个规则可能会涉及零到多个事实对象的输入、零到多个输出，同时也会存在各类规则之间的相互作用，比如，一个规则的输出结果也可以作为另外一个规则的输入，或一个规则的优先级较高导致另外一个规则无法执行等。

规则引擎的数据模型可以用图 2-6 来描述。

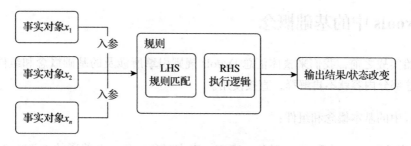

图 2-6　规则引擎数据模型

图 2-6 中的事实对象已经多次提及，它是触发规则所需的业务数据，也就是规则触发的决策因子。

中间部分的规则（Drools 中通常称为规则文件）由两部分组成：LHS 和 RHS。

LHS（Left Hand Side）部分是规则的条件部分，处理条件分支逻辑，可以理解为编程中的 if 判断，往往有零到多个判断条件。LHS 用来判断输入的事实对象是否满足规则执行的条件，实践中很少会在此处改变事实对象的属性值或处理业务逻辑，最佳实践是只做条件判断。

判断条件的组成通常由一到多个模式（Pattern）构成，模式是规则内最小单位，比如判断事实对象中某个属性值大于指定阈值（比如 $Param_1>10$），这便是一个模式。在实践中，比较好的做法是将事实对象各个属性设计成可原子化配置的模式模块，然后由业务人员将其配置组合形成规则的条件部分。原子化模式的好处是能够最大化保证业务人员对规则配置的灵活性。

RHS（Right Hand Side）部分用来执行满足条件之后的业务逻辑，比如改变事实对象的属性值。图 2-6 中的输出结果便是由此部分来完成组装或改变的。

综上所述，规则数据模型是由事实对象、规则（文件）和输出结果构成的。我们在使用规则引擎时基本上都是围绕规则（文件）的语法和数据结构来完成业务逻辑实现的。

关于规则数据模型，我就讲这么多。理解规则数据模型，一方面有助于后续规则逻辑的实现，另一方面也有助于自主实现规则引擎。

除了上述理论模型之外，大家也有必要了解一下 Drools 使用的 Rete 算法。针对 Rete 算法部分，本书将在第 11 章中进行讲解。

至此，关于规则引擎理论部分讲解完毕，在后面章节中我们便基于 Drools 规则引擎来进行实战和实践。

2.3 Drools 中的基础概念

在开始实战之前，我们来整体汇总 Drools 规则引擎所涉及的基础概念和组件，后面实战部分对这部分内容就不再解释，直接使用。

Drools 中的基本概念和组件：

- 事实（Fact）：也称 Fact 对象、事实、事实对象，是一个普通的 JavaBean 对象。它承载着业务系统与 Drools 规则引擎之间的业务数据传输功能，用于输入或更改 Drools 规则引擎中的数据。Drools 规则引擎会使用它来进行规则的匹配、结果的反馈以及行为的执行。
- 规则（Rule）：即用户定义的规则，支持多种形式，比如 .drl 文件、Excel 文件等。其中至少包含触发规则的条件和规则执行的操作。在 drl 规则中，一般表示为 if… then…。规则的 if 部分称作 LHS，用于条件判断；then 部分称作 RHS，用于触发条件之后的业务逻辑执行。
- 模式（Pattern）：LHS 中判断条件的最小单元，也就是 if 条件中不能再继续分割的原子条件判断。
- 生产内存（Production Memory）：用于存放规则的内存。
- 工作内存（Working Memory）：用于存放事实对象的内存。
- 模式匹配器（Pattern Matcher）：用于将规则库中的规则与工作内存中的事实对象进行匹配，匹配成功之后，存放在议程或其他类组件当中。
- 议程（Agenda）：存放匹配器匹配成功后激活的规则，用于支持后续规则执行。

常用的基本概念就这么多，后面我们就开始真正的实战环节了。

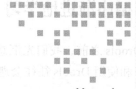

第 3 章　*Chapter 3*

初识 Drools 规则引擎

从本章开始我们将结合前面讲到的理论知识，来学习 Drools 规则引擎这套框架的实践和运用。初学者在使用 Drools 时往往会遇到一些困惑，主要集中在不知道如何上手，上手后不知道如何跟业务相结合，以及如何构建规则管理平台方面。本章先为大家梳理整体思路，然后从构建一个简单的实践场景开始，循序渐进地带领大家了解如何使用 Drools 规则引擎。

Drools 8 为目前的最新版本，但鉴于大多数项目还采用 Drools 7，且 Drools 8 向下兼容 Drools 7 的语法，因此本章会采用一个示例，在此示例中既会介绍在 Drools 6、7、8 中均适用的传统语法风格，也会介绍在 Drools 8 中引入的新语法风格（Rule Unit，规则单元）。在后续章节中，我以传统语法风格和规则单元语法（或 Drools 8 语法）风格来命名及区分二者。

在使用 Drools 8 时，官方推荐采用规则单元语法风格来实现，特别是需要将 Drools 8 部署到 Kogito 等云原生组件当中时。但传统语法风格在构建规则管理平台方面还是有很大优势的。因此，在具体实践中采用传统语法风格还是规则单元语法风格，要视项目的具体情况而定。

本章会对两种风格的使用逐一讲解，大家可对照学习，这个过程也算是项目版本迁移时的一个简单示例。在后续章节中，我会对 Drools 8 的传统语法风格与规则单元语法风格并行讲解，以便大家能够兼顾各类应用场景。如果可能，大家尽量使用规则单元语法风格。下面，我们就来学习第一个示例吧。

3.1 如何循序渐进地学习

在学习 Drools 之前，我们先汇总实践中通常会遇到的一些难题，然后在后续章节中逐一击破。学习和使用 Drools 往往会遇到以下难题：

❑ **开发工具的选择**。是选择 Eclipse，还是 IDEA，抑或是 VS Code？在 Drools 7 及以前版本中，官方推荐使用 Eclipse，插件支持比较丰富，官方文档也是基于 Eclipse 进行讲解的。在 Drools 8 中，Eclipse、IDEA 和 VS Code 对 Drools 的支持已经不分伯仲，选择适合自己的 IDE 即可。Drools 的使用本质上就是对 Drools 提供的 API 和语义模板（规则文件等）语法的使用，IDE 的影响仅限于语义模板语法解析方面，当大家对其有一定的了解之后，这一方面的影响便很小了。所以，对于 IDE 的选择，根据个人习惯选择即可。鉴于官方已经有基于 Eclipse 的使用说明，同时 IDEA 又是目前主流的 IDE，本书便以 IDEA 来讲解，以作为补充。IDEA 中也有 Drools 的插件支持，但部分语法还存在一些小瑕疵，比如会误报语法解析错误，使用时以运行结果为准即可。

❑ **核心 API 和规则语法的使用**。Drools 规则引擎提供了一定数量的核心 API，它们的功能在一定程度上有重叠，主要是为了支持更丰富的场景，不同场景下的使用会有所区别。这就很容易造成学习者的困惑：该选哪个 API，该怎么用？后续在实战、自主开发管理后台等部分，我会对实战中常用的一些 API 和语法知识进行讲解。对于不常用的 API 及规则语法，大家在厘清思路之后参考官方文档即可。本书不会进行大量语法知识点（简称语法点）的罗列，而会将重点放在实践、架构、设计、示例等方面。

❑ **如何在项目中进行实践，或者说如何构建自己的 BRMS**。学习 Drools 的过程中，大家可以很轻松地写出一个示例来验证某个语法，但从具体的语法使用到灵活运用再到项目实战，还有一定的跨度。如果没有接受实战指导，大家很容易陷入误区和困惑当中。

❑ 随着 Drools 8 向微服务组件、云原生靠拢，实践的最后环节便是在微服务、云原生组件中集成部署 Drools。

综上所述，后续会先通过一些示例介绍常见语法的使用，待大家熟悉了项目结构、基本语法之后，再逐步进入项目实战经验的讲解。

下面就像学习每一种编程语言或框架一样，大家先来编写 Drools 的第一个示例吧。

3.2 创建第一个 Drools 项目

从零开始创建一个简单 Drools 项目，通常包含以下步骤：环境准备、创建项目、业务实现、运行验证。下面就围绕这四个步骤来进行演示。

在开始之前,先对本书示例中的 Drools 版本做一个简单的说明。第一个示例我使用
Drools 8 的 8.33.0.Final 版本,采用传统语法风格来编写规则示例,以便大家快速理解。这
里也会拓展讲解基于 Drool 7 的 7.70.0.Final 版本及更早版本该如何配置依赖类库。这个过
程也可以看作将传统语法风格从 Drools 7 迁移至 Drools 8 的升级过程。Drools 7 的说明仅
起到对照作用,后续章节示例如无特殊说明均采用 8.33.0.Final 版本。

另外,由于 Drools 社区比较活跃,版本更新频次比较高,几乎每一两个月就会更新一
个版本,甚至在一个月左右更新两个版本。但无论是在项目实践中,还是在学习本书时,
我们都没必要跟着版本更新的节奏来,可查看版本的发布说明(Release Notes)判断是否有
必要升级。我们通常只需把握所需核心功能和基本使用流程。

3.2.1 环境准备

环境准备通常包含 JDK、Maven、IDEA 以及 IDEA 的 Drools 插件安装等。

Drools 8 要求最低 JDK 版本为 11,最低 Maven 版本为 3.6.8。Drools 7 对环境的要求为
Java 8+ 和 Maven 3.5.x +。后续示例中,如无特殊说明,所有的环境均为 JDK 11 和 Maven
3.6.8,该环境也可正常运行 Drools 7 的项目。

JDK、Maven、IDEA 等基础环境或开发工具的安装和配置,是一个开发人员必备的技
能,故这里不再赘述。

这里简单介绍一下 IDEA 中 Drools 插件。在 2018 及以后版本的 IDEA 中,默认已经
绑定(Bundled)了 Drools 的插件,不需要手动安装了。IDEA 中的 Drools 插件,如图 3-1
所示。

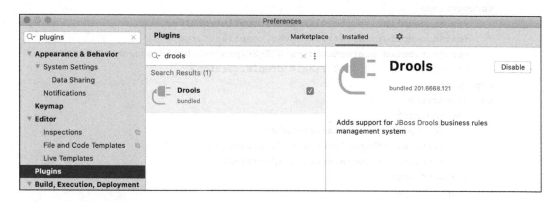

图 3-1 IDEA 中的 Drools 插件

如果你所使用的 IDEA 版本中没有默认绑定 Drools 插件，可在 IDEA 中依次找到"Preferences"→"Plugins"→"Marketplace"，然后搜索"drools"，找到对应插件并进行安装。早期的插件名称叫 JBoss Drools Support，后改为 Drools。如果你的业务还用到了 jBPM 与 Drools 集成，也可在这里搜"JBoss"，安装"JBoss jBPM"等相关插件。

插件安装完成，便可以开始项目的创建了。

3.2.2　创建项目

Drools 项目的创建步骤很简单，先创建一个基于 Maven 的普通 Java 项目，然后引入 Drools 的核心依赖即可。比如，我们可以通过如下命令直接创建一个简单的 Maven 项目。

```
mvn archetype:generate -DgroupId=com.secbro2 -DartifactId=chapter3-drools8-
    traditional -Dversion=1.0-SNAPSHOT -Dpackage=com.secbro2
```

当然，我们也可以通过 IDE 进行创建，这里就不再逐一介绍了。剩下的就是添加 pom.xml 中的 Drools 依赖类库了。

整个项目的 pom.xml 完整依赖如下：

```
<?xml version="1.0" encoding="UTF-8"?>
<project xmlns="http://maven.apache.org/POM/4.0.0"
        xmlns:xsi="http://www.w3.org/2001/XMLSchema-instance"
        xsi:schemaLocation="http://maven.apache.org/POM/4.0.0 http://maven.
            apache.org/xsd/maven-4.0.0.xsd">
    <modelVersion>4.0.0</modelVersion>
    <groupId>com.secbro2</groupId>
    <artifactId>chapter3-drools8-traditional</artifactId>
    <version>1.0-SNAPSHOT</version>
    <packaging>kjar</packaging>
    <properties>
        <maven.compiler.source>11</maven.compiler.source>
        <maven.compiler.target>11</maven.compiler.target>
        <project.build.sourceEncoding>UTF-8</project.build.sourceEncoding>
        <drools.version>8.33.0.Final</drools.version>
    </properties>
    <dependencies>
        <dependency>
            <groupId>org.drools</groupId>
            <artifactId>drools-engine</artifactId>
            <version>${drools.version}</version>
        </dependency>
        <dependency>
            <groupId>org.drools</groupId>
```

```
                <artifactId>drools-xml-support</artifactId>
                <version>${drools.version}</version>
            </dependency>
            <dependency>
                <groupId>org.drools</groupId>
                <artifactId>drools-mvel</artifactId>
                <version>${drools.version}</version>
            </dependency>
        </dependencies>
        <build>
            <plugins>
                <plugin>
                    <artifactId>maven-compiler-plugin</artifactId>
                    <version>3.8.1</version>
                </plugin>
                <plugin>
                    <groupId>org.kie</groupId>
                    <artifactId>kie-maven-plugin</artifactId>
                    <version>${drools.version}</version>
                    <extensions>true</extensions>
                </plugin>
            </plugins>
        </build>
    </project>
```

在上述配置中，通过 properties 中的子元素定义 Maven 采用的是 JDK 11，项目编码为 UTF-8，Drools 版本为 8.33.0.Final。在 build（构建）部分定义了采用 maven-compiler-plugin 和 kie-maven-plugin 插件进行编译项目的编译构建。其中 kie-maven-plugin 会在构建过程中检验项目的 KIE 资源的合法性，推荐使用。

除了上述配置，最重要的便是 Drools 的类库依赖了，这里引入了 drools-engine、drools-mvel 和 drools-xml-support。其中 drools-engine 间接引入了 kie-api、drools-core、drools-compiler 等类库。在 Drools 8 中，为了使 Drools 核心引擎更加轻量级和易于维护，传统的核心类库被拆分。比如，将读取 kmodule.xml 的类库拆分为 drools-xml-support 依赖类库，如果没有引入 drools-xml-support 依赖类库则无法解析 kmodule.xml 文件。drools-mvel 则是 Drools 引擎用于支持 .drl 文件解析、约束评估和模板生成等功能的，在 Drools 7.45.0 之前内置于 drools-core 中，之后也被抽离为独立的模块。

另外，drools-engine 还间接引入了其他依赖类库，这里也顺便讲解一下。

❑ kie-api：提供了接口和工厂（factory），有助于清晰定义用户 API 和引擎 API。

❑ kie-internal：提供内部接口和工厂。

❑ drools-core：这个包是 Drools 核心引擎和运行时组件，包括 Rete 引擎和 Leaps 引擎。如果是基于规则预编译的方式，运行时仅需这一个依赖。使用时需要依赖 kie-api 和 kie-internal。

❑ drools-compiler：用于编译和构建规则，可用于运行时环境，但如果规则是预编译的，则该组件为非必需的。

如果在项目中还使用了决策表，则还会涉及 drools-decisiontables 的依赖，它用于决策表的编译组件，底层也使用到了 drools-compiler，支持 Excel 和 CSV 两种形式的规则输入。

上述 pom.xml 的依赖为 Drools 8 中传统语法风格所需的依赖，在 Drools 6 和 Drools 7 的早期版本中，相关依赖被糅合在一起，pom.xml 的配置通常如下：

```xml
<dependencies>
    <dependency>
        <groupId>org.drools</groupId>
        <artifactId>drools-core</artifactId>
        <version>${drools.version}</version>
    </dependency>
    <dependency>
        <groupId>org.drools</groupId>
        <artifactId>drools-mvel</artifactId>
        <version>${drools.version}</version>
    </dependency>
    <dependency>
        <groupId>org.drools</groupId>
        <artifactId>drools-compiler</artifactId>
        <version>${drools.version}</version>
    </dependency>
</dependencies>
```

在 Drools 7.45.0 之前 drools-mvel 还没从 drools-core 中拆分出来，如果使用与其对应的版本，可将 drools-mvel 依赖去掉，只依赖 drools-core 和 drools-compiler 即可。

从 Drools 7.45.0 开始，drools-engine 和 drools-engine-classic 被引入，作为 Drools 的依赖类库。pom.xml 的配置如下：

```xml
<dependencies>
    <dependency>
        <groupId>org.drools</groupId>
        <artifactId>drools-engine-classic</artifactId>
        <version>${drools.version}</version>
    </dependency>
</dependencies>
```

但从 Drools 8 开始，drools-engine-classic 和 drools-mvel 被逐步废弃，替代它们的是 drools-engine，在项目中只配置 drools-engine 依赖即可。但上面也提到，使用传统语法格式时，需要 xml 解析和 mvel 语言的类库支持，因此仍需要单独添加。

至此，关于项目创建和依赖添加部分就介绍完了。由于版本更迭，类库进行了多次重组，大家可按照所使用的版本进行类库的调整。需要注意的是，如果类库使用不当，就会出现莫名其妙的问题和异常。

项目的基础部分搭建完毕，下一步就是编写业务实体类、业务规则、配置文件和 API 的调用了。

3.2.3　业务实现

这里我以金融系统中最常见的用户评分为例（已进行场景简化），为了以最简便方式帮大家理解本节的主要内容，这里只涉及评分模型的一个维度——用户年龄。基于用户年龄的风控评估规则如图 3-2 所示。

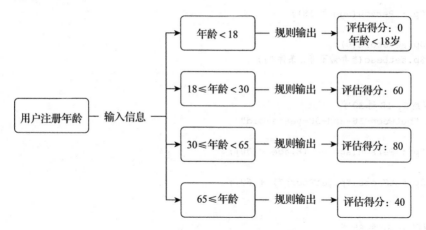

图 3-2　基于用户年龄的风控评估规则

图 3-2 所示的规则基于用户年龄，评估不同年龄段用户风险承受能力大小，评估得分（score）越高，风险承受能力越大。比如小于 18 岁时，评估得分为 0，直接拒绝后续业务，其他年龄段得分依此类推。

下面来看具体的代码实现：创建一个用来传递年龄信息和接收最终结果的 Fact 对象，即一个普通的 JavaBean，命名为 Person。

```java
public class Person {
    private int age;              // 年龄
    private int score;            // 评估得分
    private String desc;          // 结果描述
    // 省略 getter/setter
}
```

其中 age 字段为业务系统输入信息的承载字段，score 和 desc 作为规则引擎处理完之后输出信息的承载字段。在实践中 Person 类通常会包含更多属性（比如，姓名、收入、资产等），当然也可以添加更多的返回信息字段，甚至单独用一个对象来接收返回信息。

有了 Fact 对象和业务场景，就可以在 .drl 文件中编写基于 Drools 的业务规则了。规则文件通常就是一个普通的文本文件，扩展名为 .drl，这也是 Drools 默认的规则文件格式。在项目的 resources 目录下创建 rules 目录，用其来统一存放规则文件，创建一个名称为 score.drl 的规则文件，针对上述业务逻辑，对应的规则代码实现如下：

```
package com.secbro2;

import com.secbro2.entity.Person;

// 规则1: 小于18岁
rule "less-than-18-years-old"
when
    $p : Person(age < 18);
then
    $p.setScore(0);
    $p.setDesc("年龄不符合条件");
end

// 规则2: 18到30岁
rule "between-18-and-30-years-old"
when
    $p : Person(age >= 18,age < 30);
then
    $p.setScore($p.getScore() + 60);
end

// 规则3: 30到65岁
rule "between-30-and-65-years-old"
when
    $p : Person(age >= 30,age < 65);
then
    $p.setScore($p.getScore() + 80);
end

// 规则4: 65岁以上
rule "greater-than-65-years-old"
when
    $p : Person(age >= 65);
then
    $p.setScore($p.getScore() + 40);
end
```

// 如果年龄的区间评分有其他变动（比如，变得更复杂或加入 Person 中的其他维度），只需修改此处的规则脚本。

在 resources 目录下创建一个名为 META-INF 的目录，并在该目录下创建一个名为 kmodule.xml 的文件，文件内容如下：

```xml
<?xml version="1.0" encoding="utf-8" ?>
<kmodule xmlns="http://www.drools.org/xsd/kmodule">
    <kbase name="rules" packages="com.secbro2">
        <ksession name="score-rule" default="true"/>
    </kbase>
</kmodule>
```

Drools 会默认扫描 resources/META-INF/kmodule.xml 配置文件，加载其中的配置项，而且此配置文件也是必需的。上述代码中配置了一个名为“score-rule”的 KieSession，该配置在 API 调用时会用到。

3.2.4　运行验证

经过上述步骤，规则和相应的配置都完成了，可以通过 Drools 的 API 将业务逻辑和规则的运行进行整合。这里创建一个 ScoreTest 类，在 main 方法中进行调用，对应代码实现如下：

```java
public class ScoreTest {

    public static void main(String[] args) {
        KieServices kieServices = KieServices.Factory.get();
        KieContainer kieContainer = kieServices.getKieClasspathContainer();
        KieSession kieSession = kieContainer.newKieSession("score-rule");
        try {
            Person p = new Person();
            p.setAge(17);
            kieSession.insert(p);
            int count = kieSession.fireAllRules();
            System.out.println("触发了 " + count + " 条规则。");
            // PersonFact 对象在 WorkingMemory 中以引用的形式传递，规则引擎不会创建新的对象，
            // 因此可通过引用直接获得修改之后的值。
            System.out.println("规则执行结果，score=" + p.getScore() + ",desc=" +
                p.getDesc() + "。");
        } finally {
            kieSession.dispose();
        }
    }
}
```

运行上述代码，打印结果为：

```
触发了 1 条规则。
规则执行结果，score=0,desc=年龄不符合条件。
```

至此，第一个示例编写完成。执行测试，成功触发规则，并获得最终规则引擎处理之后的结果信息。此时，你可能还有些困惑：这些配置和 API 都有什么作用呢？下一节对上述示例中的一些基础概念和知识进行详细的讲解。

3.3 项目结构详解

先看一下第一个示例项目的目录结构，主要包括事实对象、规则文件、文件配置和 API 使用。

```
├── pom.xml
├── src
│   ├── main
│   │   ├── java
│   │   │   └── com
│   │   │       └── secbro2
│   │   │           ├── ScoreTest.java
│   │   │           └── entity
│   │   │               └── Person.java
│   │   └── resources
│   │       ├── META-INF
│   │       │   └── kmodule.xml
│   │       └── rules
│   │           └── score.drl
```

如果简单描述第一个示例各部分的功能，那就是：通过 Drools 提供的 API 先加载和初始化 kmodule.xml 中指定的规则（score.drl），将其装载到 KieContainer 当中。通过 KieContainer 创建一个名为"score-rule"的 KieSession，使用 KieSession 与规则引擎交互，传递 Fact 对象（Person）给规则引擎，并由规则引擎进行判断和执行，最后将执行的结果在控制台打印出来。

下面对示例中涉及的各个部分，进行详细的介绍。

3.3.1 事实对象

事实对象就是一个普通的 JavaBean，承载了规则引擎与业务之间传输数据（业务数据及规则执行结果）的作用。在规则文件中可以通过 import 语法引入，在 Drools 的 Working

Memory（工作内存）中可以创建和修改事实对象。

事实对象是一个引用对象，在规则引擎之外和规则引擎的工作内存中都可以通过引用访问同一个对象。也就是说，调用规则引擎之前创建一个 Person 对象，然后将其传入规则引擎，规则引擎并不会复制一份，而是在原有对象基础上进行操作。这样就达到了规则引擎内外对象及状态的一致性，极大地方便了数据的传输和结果的获取。

不仅如此，在调用 KieSession 的 insert 方法时，还会返回一个 FactHandler 对象，它相当于工作内存中事实对象的句柄。

```
FactHandle factHandle = kieSession.insert(p);
```

通过 FactHandler 对象，可以对工作内存中的事实对象进行直接定位、修改和删除等操作。以删除为例，部分代码如下：

```
FactHandle factHandle = kieSession.insert(p);
int count = kieSession.fireAllRules();
System.out.println("触发了" + count + "条规则。");
// 删除工作内存中的事实对象
kieSession.delete(factHandle);
count = kieSession.fireAllRules();
System.out.println("触发了" + count + "条规则。");
```

执行上述代码，会发现通过 delete 方法的操作之后，工作内存中便不再存在对应的事实对象了，再次调用 fireAllRules 方法也就不会触发对应的规则了。关于 FactHandler 的修改、更新等操作，大家可自行尝试。

3.3.2　规则文件

规则文件，就是抽离出来的业务具体实现。在 Drools 中，规则文件默认就是文本文件，它支持多种扩展名，比如 *.drl、*.xml、*.drls 等。如果使用了决策表的类库，它还可以是 *.xls 或 *.xlsx 文件格式。实践中使用比较多的是 .drl 文件，后续基本上都是基于 .drl 规则文件格式及语法展开的。

规则文件有一定语法要求和基本组成，通常包含以下元素：package、package-name、imports、globals、functions、queries、rules。其中，imports、globals、functions、queries、rules 并非语法关键字，而是它们的复数形式，代表着在同一个规则文件中可以出现多次。当然，上述所有元素都是可选项，是否使用完全取决于业务需要。

package 用于指定规则文件的包名，对于一个规则而言 package 是必须定义的，而且必须放在规则文件的第一行。package 的定义类似 Java 中包的定义，与 Java 不同的是，它不需要与物理路径保持一致，只是用于逻辑上的区分。

　　import 用于导入规则文件所需的外部变量，比如类或静态方法。它的使用与 Java 中的 import 基本相同，不同的是 import 导入的不仅可以是类，还可以是类中的某一个可以访问的静态方法。

　　import 导入类的静态方法的方式如下：

```
import static com.secbro2.utils.StringUtils.isEmpty;
```

　　global 用于定义全局变量。首先，在代码中通过 Kie 会话（KieSession）设置 Drools 工作内存中的全局变量名称和值。然后，在 .drl 规则文件中通过 global 声明全局变量，该全局变量便可以在规则中使用了。比如，可以将 List（列表）数据、基础服务等设置为全局变量，以便在规则中使用。此处不再展开，后续章节会介绍具体的示例。

　　function 用于自定义函数，它与 Java 中将功能封装成独立的方法类似，用于提升功能及逻辑的复用性。与 Java 不同的是，该自定义函数是通过 function 关键字来定义的。

　　query 用于从 Drools 工作内存中查询符合规则的 Fact 对象。通过在 .drl 文件中定义 query，应用程序可以通过 KieSession#getQueryResults 方法来获取匹配结果。这样不用遵循 when 或 then 规范，就可以从工作空间中获取符合条件的 Fact 对象。query 名称对于 KIE 来说是全局的，所以必须确保项目中所有规则的 query 名称是唯一的。

　　.drl 文件中 query 定义格式如下：

```
query "between-18-and-65-years-old"
$p : Person(age >= 18,age < 65);
end
```

　　在代码中可以通过 KieSession 的 getQueryResults 方法来调用：

```
QueryResults queryResults = kieSession.getQueryResults("between-18-and-65-years-
old");
```

　　除了上述这些基础语法、函数之外，最重要的当属 rule 部分了，它是与业务逻辑关系最密切的部分，即 rule 规则体。

　　rule 规则体的基本语法格式如下：

```
rule "name"
    attributes
    when
        LHS
```

```
        then
            RHS
    end
```

规则体以 rule 关键字开头，以 end 结尾。其中 rule 关键字后通过双引号定义规则名称，attributes 用于定义规则的属性，比如常见的 salience（优先级）、agenda-group（分组）、dialect（方言）等。when 与 then 之间为规则判断的条件，通常称作 LHS（Left Hand Side），then 与 end 之间为规则触发的操作（行为），通常称作 RHS（Right Hand Side）。其中，LHS 和 RHS 的概念及功能我在第 2 章中已经讲过。

目前大家先简单了解规则文件的大体组成即可，关于每个语法点的细节可查阅官方文档，后面章节也会挑选常见的语法以示例进行讲解。

3.3.3　kmodule.xml 配置

kmodule.xml 是 Drools 的核心配置文件，它的作用类似 Spring 中的 spring.xml 或 Logback 中的 logback.xml。在 Drools 中 kmodule.xml 主要为 KIE 项目提供声明式配置，比如配置规则（知识）库、规则会话等。

Drools 默认会到 META-INF 目录下加载 kmodule.xml 文件，因此，通常需要在项目中提供对应的配置文件，并将其放于 src/main/resources/META-INF/ 目录下，否则会抛出异常。注意，这里说的是"通常"，在某些场景下，也可以直接拼接 kmodule.xml 文件内容的字符串来实现，后面章节会有对应的示例。

3.3.4　API 使用

示例中主要用到了三个核心的 API：KieServices、KieContainer、KieSession。

其中，KieServices 是 KIE 项目的中心，通过它可以访问所有 KIE 项目在构建和运行时所需的接口，比如 KieContainer、KieFileSystem、KieResources 等。通过 KieServices 获取到的各类对象，可以完成规则的构建、管理和执行等。一般通过 KieServices.Factory.get() 方法获得 KieServices 的实例对象，这种方法是基于线程安全的单例模式。

KieContainer 是一个 KieBase 的容器，通过 KieContainer 可以加载 KieModule 及其依赖项。KieContainer 也提供了获取 KieSession、KieBase、KieBaseModel 等对象的方法。一个 KieContainer 中可以包含一个或多个 KieBase。KieContainer 实例一般通过 KieServices 获得，且全局唯一。通常情况下，我们采用 KieContainer 来创建 KieSession（有状态会话）和 StatelessKieSession（无状态会话）。

KieSession 是与规则引擎交互的会话类，与 Web 开发中的 Session 有点儿类似。通过它可以与规则引擎通信，并发起执行规则的操作。KieSession 可通过 KieContainer 方便地创建，但本质上是从 KieBase 中创建的。我们与工作内存进行 Fact 对象的传输、规则的触发都以 KieSession 作为入口。

上面介绍了示例中涉及的一些 API，也是传统语法风格中比较常用的 API。大家在后面章节中还会经常见到，多实践几遍便可熟练运用。

3.4 Drools 8 语法示例

在 Drools 8 中官方强烈推荐采用新的语法风格——规则单元（Rule Unit）。下面我就以 Drools 8 这种新的语法风格来重新实现上述示例。大家可对比两种具体实现的不同，同时也可以体验如何将传统语法升级为 Drools 8 的规则单元语法。

Drools 8 新语法的实践过程与传统语法基本一致，也分为环境准备、创建项目、业务实现和运行验证。

其中，环境准备工作与前面的完全一致，这里不再赘述，下面直接从项目创建开始。

3.4.1 创建 Drools 8 项目

Drools 8 的项目创建思路整体可分为两种：第一种，先创建基于 Maven 管理的 Java 项目，然后在 pom.xml 中添加 Drools 8 的依赖；第二种，直接通过 Maven Archetype（原型）创建，然后根据需要删除或修改 Maven Archetype 的示例代码。

针对第一种思路，我们在前面的示例中已经实践过了，可参照创建 Maven 项目。针对第二种思路，官方文档中也提供了对应的命令。执行以下命令便可创建一个基于规则单元语法风格的项目。

基于 Maven Archetype 创建命令如下：

```
mvn archetype:generate -DarchetypeGroupId=org.kie -DarchetypeArtifactId=kie-
drools-exec-model-ruleunit-archetype -DarchetypeVersion=8.33.0.Final
```

上述 Maven 命令基于 kie-drools-exec-model-ruleunit-archetype 的 Maven Archetype，创建了一个版本为 8.33.0.Final 的 Drools 项目，并将项目的依赖直接添加到 pom.xml 文件当中。

在创建的过程中会下载 Maven 和 Drools 的依赖组件，同时需要交互输入 Maven 项目信息。根据提示输入项目的 GroupId、ArtifactId 和 Version（三者简称 GAV），完成项目创建。

查看项目的 pom.xml 文件，除引入了单元测试（junit）和日志（logback）依赖类库之外，重点引入了 Drools 8 的 drools-ruleunits-engine 依赖。

```
<dependency>
    <groupId>org.drools</groupId>
    <artifactId>drools-ruleunits-engine</artifactId>
</dependency>
```

前面我们看到在 Drools 8 中使用传统语法风格引入的核心依赖是 drools-engine，如果需要使用规则单元，则需要引入 drools-ruleunits-engine 依赖。规则单元是作为一个独立的依赖模块而存在的，因此，使用者可以通过依赖，自主选择两种不同的语法风格。

通过执行 Maven Archetype 创建项目后，在此版本下（后续可能会改进），执行项目中的单元测试方法，会发现程序无法正常运行，根据提示信息可知，还需再引入 drools-wiring-dynamic 才行。

```
<dependency>
    <groupId>org.drools</groupId>
    <artifactId>drools-wiring-dynamic</artifactId>
</dependency>
```

添加上述依赖后，执行单元测试，可成功执行。如果你采用的是第一种方案，那么直接添加上述两个类库的依赖即可。

通过 Maven Archetype 创建项目会有一部分示例的代码，我们可参考其编写自己的业务代码，这里先将其删除，然后直接根据业务需求来编写自己的业务逻辑。

3.4.2　业务实现

业务场景和逻辑完全与前文相同，逻辑描述在此不再赘述，这里直接来看具体的代码实现。用于向规则引擎传递事实对象的 JavaBean 依旧是 Person 类，未做任何改变。

定义一个规则单元类 PersonUnit，该类实现了 RuleUnitData 接口。

```
public class PersonUnit implements RuleUnitData {

    private final DataStore<Person> persons;

    public PersonUnit(){
        this(DataSource.createStore());
    }
```

```
    public PersonUnit(DataStore<Person> persons){
        this.persons = persons;
    }

    public DataStore<Person> getPersons(){
        return persons;
    }
}
```

规则单元类可用来整合数据源、全局变量和规则。在 PersonUnit 类中，主要使用了数据源（DataStore）来存储要插入（insert）规则引擎中的事实对象。当然，你还可以定义一些其他类变量，作为全局变量来使用。

对应的 score.drl 文件规则内容如下：

```
package com.secbro2;
//import com.secbro2.entity.Person;
unit PersonUnit;

// 规则 1：小于 18 岁
rule "less-than-18-years-old"
when
//    $p : Person(age < 18);
    $p : /persons[age < 18];
then
    $p.setScore(0);
    $p.setDesc(" 年龄不符合条件 ");
end


// 规则 2：18 到 30 岁
rule "between-18-and-30-years-old"
when
//    $p : Person(age >= 18,age < 30);
    $p : /persons[age >= 18,age < 30];
then
    $p.setScore($p.getScore() + 60);
end

// 规则 3：30 到 65 岁
rule "between-30-and-65-years-old"
when
//    $p : Person(age >= 30,age < 65);
    $p : /persons[age >= 30,age < 65];
then
    $p.setScore($p.getScore() + 80);
end
```

```
// 规则 4: 65 岁以上
rule "greater-than-65-years-old"
when
//     $p : Person(age >= 65);
    $p : /persons[age >= 65];
then
    $p.setScore($p.getScore() + 40);
end

query "between-18-and-65-years-old"
//     $p : Person(age >= 18,age < 65);
    $p : /persons[age >= 18,age < 65];
end
```

在上述规则文件中，注释部分为传统语法风格，与规则单元的语法相对应。规则单元的语法在 IDE 中可能会有错误提示，但不影响最终执行。

其中，通过 unit 关键字，定义了该规则所使用的规则单元类为 PersonUnit。规则中的" /persons"绑定到了 PersonUnit 类的 persons 变量上。如果 PersonUnit 中还需要其他类似变量（比如 Set<String>），可采用类似 DataStore<Person> 变量的写法来进行声明，而这些变量不再需要在规则文件中声明为 global 的，便可直接使用。也就是说，传统的 global 方式可被规则单元类的成员变量方式所替代。

另外，规则文件与传统语法的主要不同就是在 LHS 中使用了 OOPath 标记符语法，等于是将原来的 Person 类名，换成了规则单元类 PersonUnit 中 DataSource 的变量名（persons）。

当完成了实体类、规则单元、DRL 文件的编写时，就已经完成了规则的基本定义，剩下的就是通过 API 来使用规则了。有心的读者可能已经留意到，在规则单元语法风格中不再需要 kmodule.xml 配置文件了。

通过单元测试类 PersonRuleTest 来执行规则的调用，代码如下：

```
public class PersonRuleTest {

    @Test
    public void test() {
        PersonUnit personUnit = new PersonUnit();
        RuleUnitProvider ruleUnitProvider = RuleUnitProvider.get();
        try (RuleUnitInstance<PersonUnit> instance = ruleUnitProvider.createRule
            UnitInstance(personUnit)) {
            Person p = new Person();
            p.setAge(17);
```

```
        personUnit.getPersons().add(p);
        int count = instance.fire();
        System.out.println("触发了" + count + "条规则。");
        System.out.println("规则执行结果，score=" + p.getScore() + ",desc=" +
            p.getDesc() + "。");
    }
  }
}
```

执行上述代码，会发现执行结果与传统语法风格的结果一样。对比传统语法风格的 API 和规则单元的 API，会发现使用规则单元时，RuleUnitInstance 替代了 KieSession，用添加事实对象到 DataSource 变量代替了 KieSession 的 insert 操作。已经不再需要传统的 KIE API，比如 KieServices、KieContainer、KieBase。当然，这里只是不再需要使用者显式地调用这些 API，在规则单元的底层实现中，还是会用到部分 API 的。

至此，基于 Drools 8 的规则单元语法风格示例讲解完毕。我们已经搭建起了开发环境，项目也跑起来了，对项目的基本组成也有了一定了解，也为后续学习和实践做好了铺垫。接下来我将用更丰富的示例，来讲解使用 Drools 时的一些核心语法及 API。

第 4 章 *Chapter 4*

核心语法示例详解

在上一章我们编写了一个入门级别的 Drools 示例程序，学习了 Drools 项目的基础组成结构以及两种语法风格的基本实现。本章会在此基础上通过示例对常见的语法进行进一步讲解，在该示例中会涉及规则的属性、规则的匹配、规则的执行以及部分常见函数的使用。

在规则文件语法方面，规则单元语法与传统风格语法的主要差别在于规则单元声明和 OOPath 语法格式，其他规则结构、属性等差异不大。为了满足大家使用不同风格语法的需要以及使大家明确两者的区别，本章先以传统风格语法的示例来讲解，然后再基于规则单元语法对示例进行补充说明。

4.1 规则文件的结构

在第 3 章中已经介绍了规则文件的结构和 rule 规则体。在实践中运用最多的就是规则文件中的语法，而规则文件中运用最多的又是 rule 规则体。在进行示例讲解之前，先从整体上了解一下规则体各部分的功能。

规则体通常包括三个核心部分：规则属性、判断条件、规则执行。

4.1.1 规则属性

通过规则属性可以定义规则的一些基础属性，比如 dialect 属性指定规则所使用的语言，enabled 属性控制规则是否激活等。通过规则属性，也可以定义规则与规则之间的关系，比如 salience 属性定义规则之间的优先级，agenda-group 属性对规则进行分组等。

规则属性的使用示例如下：

```
rule "rule-name"
agenda-group "rule-group"
salience 99
when
    // …
then
    // …
end
```

其中 agenda-group 和 salience 便是规则文件中的规则属性。

规则属性通常位于规则名称和 when 之间，不同的规则属性拥有不同的功能和略微不同的使用格式。这里列举一些常见的规则属性及其使用说明。

- ❑ salience：规则优先级，用于控制规则的执行顺序。用数字表示，数字越大优先级越高。如果不设置，则表示随机执行。在实践中建议指定优先级。示例：salience 100。
- ❑ enabled：指定规则是否激活（启用），取值为 true 或 false，默认为 true。示例：enabled false。
- ❑ date-effective：指定规则生效的日期或时间，只有当前时间超过指定的日期或时间之后，规则才会生效。默认时间格式为 "日 - 月 - 年" 或 " dd-MMM-yyyy"，中英文格式都是如此，写法遵从各自语言规则，比如英文格式为 " date-effective 4-Sep-2022"，中文格式为 "date-effective 4- 九月 -2022"。通常，可以通过 Java 代码设置系统属性。（ System.setProperty("drools.dateformat", "yyyy-MM-dd HH:mm")）用以实现自定义日期格式。
- ❑ date-expires：指定规则失效的日期或时间，超过该日期或时间之后，规则失效。其使用方式和日期格式与 date-effective 的相同。
- ❑ no-loop：定义当前规则是否允许多次循环执行，默认为 false，也就是当前规则只要满足条件，就可以无限次执行。典型的场景是，当规则使用 update 等函数修改事实对象之后，会触发规则的重新匹配，此时有可能使当前规则再次被激活，从而再次被执行，甚至导致死循环。当将 no-loop 属性设置为 true 时，表示该规则只会被引擎执行一次。如果因更新事实对象导致规则重新匹配，引擎内部在再次检查规则时，会忽略掉所有 no-loop 属性设置为 true 的规则。示例：no-loop true。
- ❑ agenda-group：议程分组，属于一种可控的规则执行方式。默认情况下，规则引擎会扫描所有规则，用户可通过该属性将规则分组，然后在 Java 代码中通过分组名称指定获得焦点的分组，只有获得焦点的分组中的规则才有可能被触发。此时需注意，即便其他规则没有获得焦点，它们的 LHS 部分也会被引擎执行判断，但不会执行其 RHS 部分。示例：agenda-group "first-group"。在 Java 代码中可通过 KieSession 或 StatelessKieSession 获得 Agenda 对象，然后通过分组名称获得 AgendaGroup 对象，并设置其获得焦点。

- ❏ activation-group：激活分组，具有相同分组名称的多个规则中只能有一个被触发。该属性用于将同类互斥规则放置于一个分组中，只要其中一个规则被执行，分组内的其他规则便不会被执行。同一组内规则的执行顺序由 salience 决定。示例：activation-group "group-one"。
- ❏ duration：指定规则延迟指定时间执行，属性值为长整型，单位为毫秒。也就是说，如果在指定时间之后，规则还成立（满足执行条件），则执行该规则。示例：duration 3000。
- ❏ timer：定时器，指定规则触发的时间，属性值为字符串，标识用于调度规则的 int（间隔）或 cron 表达式指定的执行规则。示例：timer(cron:* 0/15 * * * ?)，设置每 15 分钟执行一次。
- ❏ calendars：用于调度规则。示例：calendars "* * 0-7, 18-23 ? * *"。
- ❏ auto-focus：自动获取焦点，属性值为 Boolean 类型，一般配合 agenda-group 使用。该属性作用于已设置 agenda-group 的规则上，指定该规则是否可自动获取焦点，如果值为 true，在引擎执行时就不需要在代码中显式地为该 agenda-group 设置焦点。示例：auto-focus true。
- ❏ lock-on-active：no-loop 的增强版属性，控制当前规则只会被执行一次，主要用在使用 agenda-group 和 ruleflow-group 时。no-loop 属性可以避免当前规则修改事实对象所导致的规则自身重复触发执行，但其他规则修改事实对象也可能导致当前规则重新触发，使用 lock-on-active 可避免其他规则修改事实对象所导致的重复执行。此属性适用于计算类规则，多次修改事实对象，但并不需要任何规则重新匹配和触发。示例：lock-on-active true。
- ❏ ruleflow-group：用于规则流中规则的分组。该属性的值为一个字符串，作用是将规则划分为一个个组。在规则流当中，通过使用 ruleflow-group 属性的值（组名称），来使用对应的规则。该属性会通过流的走向确定要执行哪一条规则。示例：ruleflow-group "rule-flow-group-one"。
- ❏ dialect：指定规则使用的语言类型，目前支持 Java 和 MVEL，默认为 Java。默认情况下，在包级别指定语言类型；如果在规则内单独指定，则会覆盖包级别的。示例：dialect "JAVA"。

上面简单介绍了常见规则属性的功能以及使用场景。属性与属性之间还会产生相互作用，从而形成更复杂的功能组合，这一点大家在实践中需要特别留意。后续还会结合实战代码对上述部分属性做进一步补充与说明。

4.1.2 判断条件

规则的判断条件部分（也就是 LHS 部分）主要包含两个功能：条件判断和变量绑定。其中的条件判断就是前面讲到的 Pattern（模式），比如 Person(age >= 18,age < 30) 就是由两个 Pattern 组成的判断条件，用逗号分隔，表示需要同时满足这两个条件。Pattern 支持 Java 编程语言中的大多数逻辑运算符和运算，比如 "||" "&&" "+" "-" "%" 等。其中，逗号分隔的写法等价于 Person(age >= 18 && age < 30)。

Pattern 除了包含 Java 中常见的运算符之外，还包含 Drools 提供的一些特殊的关键字操作，比如 contains 关键字用来判断对应属性是否包含某个值，matches 关键字用来匹配正则表达式等。

在规则的条件判断部分，除了进行规则条件的匹配外，还包括变量绑定的功能。先对满足条件的事实对象进行变量绑定，然后在 RHS 部分就可以直接通过变量来获取和使用对应的事实对象了。相关实现如下：

```
rule "less-than-18-years-old"
when
    // 定义变量 $p，并将事实（Fact）对象赋值给它
    $p : Person(age < 18);
then
    // 使用变量 $p
    $p.setScore(0);
end
```

上述示例中，定义了变量 $p，并将符合条件的事实对象 Person 赋值给变量，在 RHS 部分便可以直接使用了。变量的定义建议以 $ 开头，算是一种约定俗成的风格，当然也支持其他格式的变量定义。

在规则设计时尽量确保条件判断部分职责的单一性，也就是说一个规则尽量只完成一个单一的功能，可将多个单一功能的规则进行整合来完成复杂的业务判断。同时，在条件判断中尽量不要引入业务逻辑处理，最优的方式是先由业务系统或 RHS 计算好复杂的决策因子，再交由规则进行判断和处理。

4.1.3 规则执行

规则执行部分（也就是 RHS 部分）通常包含两类核心操作：操作事实对象和调用外部服务。

像上面的示例，通过绑定的变量 $p 获得了事实对象，就可以通过事实对象的公共方法对其属性进行修改和操作，从而将结果反馈给业务系统。不仅如此，修改事实对象之后，还可以通过 Drools 提供的 modify 或 update 等内部函数来刷新工作内存中的事实对象，进而触发整个规则的重新规划和匹配。以 update 函数为例：

```
rule "less-than-18-years-old"
when
    $p : Person(age < 18);
then
    $p.setScore(0);
    $p.setDesc("年龄不符合条件");
    update($p);
end
```

执行部分除了可以对事实对象进行操作外，还可以直接调用通过 global 定义的外部服务，比如发送短信、触发熔断等操作。

关于规则部分的基础知识就先介绍这么多，下面通过一个具体的示例来将它们整合起来进行演示，以了解在实战中到底如何运用。

4.2　规则语法综合示例

本节基于金融系统中常见的一些风控模型，将它们抽离、简化、整合成一个示例，为大家演示复杂逻辑下规则是如何实现和执行的。

4.2.1　场景分析

我们先来定义一个风控中的业务场景。由于示例需要尽可能多地将常见的知识点进行整合，还要考虑业务场景的适当简化，因此部分业务逻辑可能与实践有所出入。大家在学习时，重点领悟规则设计的核心思想和语法运用。

业务场景：在金融系统中，用户注册时会先根据用户的个人信息进行信用等级评定及信用额度的计算。我们根据用户提供的信息，先调用资料库（黑名单库）、计算公式（模型）等计算出用户的信用等级，然后根据信用等级计算出用户可借贷的额度。

在整个示例中会涉及规则的优先级、规则的重新匹配、update 函数、global 变量定义与使用、function 定义等常见语法功能。下面来看具体的示例代码。

4.2.2 具体实现

首先，定义一个用于封装规则返回结果的通用基类 DroolsResult，其他需要返回执行结果的事实类可以通过继承该类获得相应的属性。

```java
public class DroolsResult {

    /**
     * 规则执行结果。ACCESSED: 通过；REFUSED: 拒绝
     */
    private String code = "ACCESSED";

    /**
     * 规则结果描述
     */
    private String desc;

    // 省略 getter/setter 方法
}
```

基类 DroolsResult 包含两个核心字段 code 和 desc。code 用来表示规则验证是否通过，这里用字符串"ACCESSED"表示通过，"REFUSED"表示拒绝。在实践中该字段的编码可以进一步扩展，比如加入风险等级（高、中、低）的划分。desc 字段用来保存规则中返回的错误信息或描述信息。

其次，定义一个承载用户信息的 Fact 对象类 User，主要用于在规则之间传递业务信息，该类继承自 DroolsResult。

```java
public class User extends DroolsResult{

    /**
     * 手机号
     */
    private String phone;

    /**
     * 固定资产，单位：万
     */
    private int fixedAssets;

    /**
     * 信用额度上限，单位：万
     */
    private int maxAmount;

    // 省略 getter/setter 方法
}
```

　　User 中包括 phone、fixedAssets、maxAmount 三个属性。其中 phone（手机号）是用来识别用户身份的信息，fixedAssets（固定资产）是用于评定用户信用的信息，maxAmount（信用额度上限）是最终评定之后要设置的结果数据。以上三个属性代表三个方面，实践中可根据需要进行删减或扩充。

　　再次，为了演示规则对外部服务的调用，定义两个服务类：BlackListService 和 MessageService。其中 BlackListService 用于 LHS 中的条件判断，MessageService 用于 RHS 中的消息通知。

　　BlackListService 实现如下：

```java
public class BlackListService {

    public boolean isInBlacklist(String phone) {
        // 简单模拟黑名单检查，通常黑名单为列表，位于数据库或缓存、第三方征信机构中
        return "13888888888".equals(phone);
    }
}
```

　　MessageService 实现如下：

```java
public class MessageService {

    public void notify(String message) {
        System.out.println("MessageService 消息通知： " + message);
    }
}
```

　　以上两个服务类的方法的具体实现采用了伪代码，大家可根据具体的业务逻辑进行实现。在实践中 BlackListService 的 isInBlacklist 方法通常会查询数据库（或缓存）中的数据、第三方征信机构的数据等，用来检查当前用户的手机号和身份证等身份信息是否在黑名单、反欺诈名单、恐怖名单中。

　　MessageService 中的 notify 通常会调用短信系统、邮件系统或业务系统来发出警告、提醒，甚至直接冻结或锁定账户等。

　　另外，再提供一个工具类 StringUtils，用来演示在规则引擎中如何引入静态方法。

```java
public class StringUtils {

    public static boolean isEmpty(String s){
        return s == null || "".equals(s);
    }
}
```

这里只提供了一个判断字符串是否为空的简单方法。实践中，根据业务逻辑不同，可以提供更丰富的判断、数据处理的工具类，比如日期格式化等工具类。

上面的所有基础类准备好之后，我们像第 3 章的示例一样，在 kmodule.xml 中配置对应的 kbase 和 ksession。

```xml
<?xml version="1.0" encoding="utf-8" ?>
<kmodule xmlns="http://www.drools.org/xsd/kmodule">
    <kbase name="calculate-amount" packages="com.secbro2.calculate">
        <ksession name="calculate-amount"/>
    </kbase>
</kmodule>
```

kbase 中指定的 packages 对应规则文件的包，ksession 中指定的 name 属性对应程序调用时所需的 KieSession 的名称。

下面重点来看一下规则的具体实现。

```
package com.secbro2.calculate;

import com.secbro2.entity.User;
import static com.secbro2.utils.StringUtils.isEmpty;
global com.secbro2.service.BlackListService blackListService;
global com.secbro2.service.MessageService messageService;

// 优先级最高，直接拒绝交易
rule "check-the-phone-is-in-blacklist"
agenda-group "calculate-max-amount-group"
// 设置优先级
salience 100
no-loop true
when
    $u : User(isEmpty(phone) || blackListService.isInBlacklist(phone));
then
    $u.setCode("REFUSED");
    $u.setDesc("信息不全或触发黑名单");
    System.out.println("【规则 check-the-phone-is-in-blacklist】：信息不全或触发黑名单");
    messageService.notify("手机号为【" + $u.getPhone() +"】的用户存在于黑名单中，请对
        账户进行核查锁定");
    update($u);
end

// 计算上限金额
rule "calculate-max-amount"
agenda-group "calculate-max-amount-group"
salience 99
when
```

```
        $u : User(code == "ACCESSED");
then
        $u.setMaxAmount(calculateAmount($u.getFixedAssets()));
        System.out.println("【规则 calculate-max-amount】: 进行分值评定");
end
// 定义函数, 根据资产计算信用额度
function int calculateAmount(int fixedAssets){
        // 此处仅为展示 function 的功能, 在实践中可考虑通过第 3 章中的示例来实现
        if(fixedAssets <=0){
            return 0;
        }else if(fixedAssets < 100){
            return 10;
        } else {
            return 20;
        }
}

// agenda-group 对照组
rule "other-rule"
agenda-group "other-group"
salience 101
when
        eval(true);
then
        System.out.println("【规则 other-rule】: 其他规则被触发");
end
```

上述代码中包含三个规则: 规则 " check-the-phone-is-in-blacklist" 用来检验用户的手机号是否在黑名单中, 如果在, 则直接拒绝后续操作; 规则 " calculate-max-amount" 用来计算符合条件的用户的信用额度; 规则 " other-rule" 代表其他无关规则, 用于参照。

以上规则的基本业务逻辑就是: 先检查用户最高风险项——"是否在黑名单中"。只有不在黑名单中, 才会有后续的计算信用额度。如果在黑名单中, 则直接拒绝, 也就是此项风险指标有一票否决权。同时上述代码也提供了一个会触发但与上述业务逻辑无关的规则, 代表在执行核心业务逻辑规则时不受其他规则的影响。

需要注意的是, 上述代码中通过 global 引入的 BlackListService 在这里只是功能性示例。如果在实践中需要用到类似方式, 一定要慎重评估。在第 2 章中我就提到过, 每一次规则的变动, 都可能触发所有规则 when 部分的重新匹配, 因此, 如果此处使用不当, 会导致事实对象的每次变化都触发对外部服务的调用, 影响整体性能。

最后, 在业务系统中调用规则引擎, 并处理不同情况下的分支逻辑。

```
public class CalculateAmountTest {
```

```java
public static void main(String[] args) {
    // 代码块①：初始化规则引擎及获得 KieSession
    KieServices kieServices = KieServices.get();
    KieContainer kieContainer = kieServices.getKieClasspathContainer();
    KieSession kieSession = kieContainer.newKieSession("calculate-amount");

    // 代码块②：设置全局变量
    // 黑名单校验服务
    BlackListService blackListService = new BlackListService();
    kieSession.setGlobal("blackListService", blackListService);
    // 消息通知服务
    MessageService messageService = new MessageService();
    kieSession.setGlobal("messageService", messageService);

    // 代码块③：封装 Fact 对象并插入
    User user = new User();
    // 黑名单中的手机号
    user.setPhone("13888888888");
    user.setFixedAssets(80);
    kieSession.insert(user);

    // 代码块④：设定规则分组
    kieSession.getAgenda().getAgendaGroup("calculate-max-amount-group").
        setFocus();

    // 代码块⑤：调用规则并获得触发规则数量
    int count = kieSession.fireAllRules();
    // 代码块⑥：关闭会话
    kieSession.dispose();
    System.out.println("触发了 " + count + " 条规则。");

    // 代码块⑦：根据返回结果处理对应业务逻辑
    // 规则未通过逻辑处理
    if ("REFUSED".equals(user.getCode())) {
        System.out.println("规则校验未通过，错误信息：" + user.getDesc());
        return;
    }
    // 规则通过逻辑处理
    System.out.println("用户信用额度上限为：" + user.getMaxAmount() + "万元");
    }
}
```

上述代码包括七部分，依次为：初始化规则引擎及获得 KieSession、设置全局变量、封装 Fact 对象并插入、设定规则分组、调用规则并获得触发规则数量、关闭会话、根据返回结果处理对应业务逻辑。

直接执行上述程序，控制台打印结果为：

> 【规则 check-the-phone-is-in-blacklist】：信息不全或触发黑名单
> MessageService 消息通知：手机号为【13888888888】的用户存在于黑名单中，请对账户进行核查锁定
> 触发了 1 条规则。
> 规则校验未通过，错误信息：信息不全或触发黑名单

第一行输出为手机号是否存在于黑名单的规则检查结果，说明当号码为"13888888888"时触发了规则；第二行输出为触发规则之后调用 MessageService 的 notify 方法进行消息通知；第三行输出为代码中调用 fireAllRules 方法的返回结果，显示只触发了一条规则；第四行输出则为触发黑名单规则后相应业务处理的日志。

我们将传入的手机号改为"13888888880"，此时将不会触发黑名单规则。执行程序，控制台打印结果为：

> 【规则 calculate-max-amount】：进行分值评定
> 触发了 1 条规则。
> 用户信用额度上限为：10 万元

很显然，此时只触发了信用额度评定的规则，而且成功地得到了评定结果。

上述示例模拟了一个相对复杂的业务场景，涵盖了不少常见功能和知识点，大家可以尝试运行代码。下一节，我将对示例中涉及的重点语法点进行单独的讲解。

4.3 示例语法点分析

上述示例中综合了多个语法点，比如规则的优先级、规则的分组、update 等内置函数操作、如何防止规则死循环、全局变量和函数的使用、自定义函数等。这些语法点在实践中都是比较常用的，而且一些语法点如果被误用还会导致规则出现严重的问题。下面就针对这些比较重要的语法点进行详细的讲解。

4.3.1 规则的优先级

在规则文件中，通过 salience 属性来指定规则的优先级。属性的值为一个整数，默认为 0，可以为负数，数字越大代表该规则的优先级越高。当两个规则的优先级值相同时，执行顺序随机。

在上述示例中，分别设置了 100、99、101 三个值，表示规则"other-rule"优先级最高、规则"check-the-phone-is-in-blacklist"其次，规则"calculate-max-amount"优先级最低。在实践中，通常会把黑名单这种具有一票否决权的规则设置为高优先级，进而避免优先级低的规则也被触发。

如果将规则"check-the-phone-is-in-blacklist"和"calculate-max-amount"的优先级对调，再执行能够触发黑名单的示例，控制台打印结果为：

【规则 calculate-max-amount】：进行分值评定
【规则 check-the-phone-is-in-blacklist】：信息不全或触发黑名单
MessageService 消息通知：手机号为【13888888888】的用户存在于黑名单中，请对账户进行核查锁定
触发了 2 条规则。
规则校验未通过，错误信息：信息不全或触发黑名单

从打印结果中可以看出，原本只触发一条规则的场景，变成触发两条规则的场景了。因此，在某些场景下，正确地使用规则优先级，可以在一定程度上提升规则的性能，避免不必要的操作。

4.3.2 规则的分组

通过规则的 package 语法可以对规则进行分类，比如一个 package 下包含一个业务板块的规则。同时，一个或多个 package 可以归属于一个或多个 KieSession，可以在 kmodule.xml 的 kbase 元素中进行配置。

但这种分类灵活性太差，粒度不够，如果一个 KieSession 中加载了很多规则，就无法进一步细分。在调用 KieSession 的 fireAllRules 方法时，默认会触发该 KieSession 加载的所有规则。如果我们的业务规则比较多，这种模式就不太合理了。只触发需要的规则将是更好的选择，规则属性 agenda-group 便提供了对规则进行分组的功能。

在上述示例中，通过 agenda-group 属性对三个规则进行了分组，用于参照的规则"other-rule"单独一个分组，另外两个规则分为一组，分组名称为"calculate-max-amount-group"。在 KieSession 调用 fireAllRules 方法之前，通过分组名称获得分组，并激活该分组。

```
kieSession.getAgenda().getAgendaGroup("calculate-max-amount-group").setFocus();
```

这样就达到了对规则进行分组的目的，这也是在执行示例时参照规则始终未被触发的原因。默认情况下，分组是需要被激活的，否则将无法执行对应的规则。

使用 agenda-group 属性时，当 KieSession 未设置指定某个分组获得焦点，即把上述代码注释掉，执行程序时只会匹配未使用 agenda-group 属性的规则。此时，如何让设置了 agenda-group 属性的规则也能被匹配呢？

可以配合 auto-focus 属性来达到这一目的。auto-focus 用来设置规则是否自动获得焦点，当设置为 true 时对应规则会自动获得焦点。可以在上述示例中将规则"other-rule"的 auto-focus 属性设置为 true，执行程序后会发现，该规则总会被触发。

在实践中，还会出现一种场景，那就是一组规则中只要有一个被触发了，其他规则就不再被触发。本章示例中虽然通过优先级和条件判断达到了这一目的，但是实践中多数情况下优先级低的规则条件也会被满足，从而会被执行。

此时，就需要借助另外一个分组属性 activation-group。如果将多个规则的 activation-group 属性指定为相同的名称，则在规则匹配时只会匹配这一组规则中优先级最高的那个规则，这一组中的其他规则即使满足条件判断也不会被执行。

通过以上示例分析，再结合前面的属性介绍，大家应该已经形象地理解属性之间相互作用的微妙之处了。

4.3.3　内置 update 函数

前面讲规则执行部分时已经提到，在 RHS 中不仅可以调用外部服务，还可以操作工作内存中的事实对象。update 函数便是 Drools 提供的用于更新工作内存中事实对象的内置函数。比如在示例中，我们在修改了 User 对象的属性值之后，通过 update 函数便可以刷新工作内存中的 User 对象。

```
$u.setCode("REFUSED");
$u.setDesc(" 信息不全或触发黑名单 ");
update($u)
```

类似地，还有 insert、delete 和 modify 等操作事实对象的函数，这类函数也称作"宏函数"。它们是接口 KnowledgeHelper 中定义的方法的快捷操作。通过它们，可以在规则文件中访问或操作工作内存中的数据。

通常操作类的宏函数有一个共同的特性：当对事实对象进行操作之后，往往会触发新一轮的规则匹配。这个特性经常会被用到，以用户信用等级评定为例，一旦用户触发了非法操作的规则，规则内就会降低用户的信用等级，用户信用等级降低，还需要触发信用额度的降低。此时，使用这个特性就非常方便，只需在降低用户信用等级之后对事实对象做一下 update 操作，就可以触发后续操作。

但需要注意的是，操作类的宏函数使用不当会造成规则执行的死循环，还会变相增加规则的复杂度和阅读难度。示例中规则"check-the-phone-is-in-blacklist"中的 update 操作，如果不做特殊处理，就会出现死循环情况。比如，当手机号满足在黑名单中的条件时，会执行 RHS 部分的 update 函数，进而触发新一轮的规则匹配，由于 LHS 部分的条件判断始终未发生变化，每次都因满足条件而再次更新，于是就进入了死循环。

为什么上述示例中并未出现死循环呢？这是因为使用了 no-loop 属性。下一节我来详细讲解如何通过 no-loop 和 lock-on-active 这两个属性来避免规则的死循环。

4.3.4 no-loop 防止规则死循环

规则文件中通过 no-loop 属性来限制当前规则是否允许多次循环执行，默认值为 false，也就是允许当前规则无限执行。

在规则"check-the-phone-is-in-blacklist"中，如果将 no-loop 设置为 false，再次执行规则会发现进入了死循环。然而示例中未发生死循环，这正是因为将 no-loop 设置为 true，只允许规则触发一次。再举一个简单的示例：

```
rule "no-loop-rule-1"

when
    $u : User(age >= 20);
then
    int age = $u.getAge() + 1;
    $u.setAge(age);
    System.out.println("no-loop-rule 更新年龄为:" + age);
    update($u);
end
```

示例中的规则在执行过程中，会由于 age 不断被更新，不断被 update 函数重复触发，且一直满足执行条件，因此进入死循环。针对这种情况，设置 no-loop 为 true 即可。

no-loop 属性避免了当前规则自身使用了 update 等操作所导致的重新匹配，但如果其他规则使用同一事实对象作为判断条件，该规则还是会被重新触发，例如：

```
rule "no-loop-rule-1"
no-loop true
when
    $u : User(age >= 20);
then
    int age = $u.getAge() + 1;
    $u.setAge(age);
    System.out.println("no-loop-rule 更新年龄为:" + age);
    update($u);
end

rule "lock-on-active-rule"
no-loop true
when
    $u : User(age >= 21);
then
```

```
    System.out.println("lock-on-active-rule 更新年龄为 :" + $u.getAge());
end
```

虽然两个规则都设置了 no-loop 为 true，但当传入 User 的 age 为 20 时，先触发规则 "no-loop-rule-1"，该规则修改了 age 的值，进而触发第二个规则 "lock-on-active-rule"，可见 no-loop 并不能消除其他规则修改事实对象的影响。

在极端情况下，如果规则 "lock-on-active-rule" 实现如下：

```
rule "lock-on-active-rule"
no-loop true
when
    $u : User(age >= 21);
then
    int age = $u.getAge() + 1;
    $u.setAge(age);
    System.out.println("lock-on-active-rule 更新年龄为 :" + age);
    update($u);
end
```

两个规则会交替修改 age 值，交替触发，进入死循环。针对这种情况，可以使用 lock-on-active 属性来避免。

规则的 lock-on-active 属性默认为 false，当设置为 true 时，当前规则只会被激活一次，可避免因某些事实对象被修改而使已经执行过的规则再次被激活执行。lock-on-active 是 no-loop 的增强版本，它不仅能像 no-loop 那样避免自身修改事实对象所导致的重复触发，还能避免其他规则修改事实对象所导致的重复触发。lock-on-active 主要用于使用了 ruleflow-group 属性或 agenda-group 属性的场景中。

4.3.5　global 全局变量

在编写规则逻辑时，我们经常会遇到这样一些问题：在规则 LHS 中，是否可以调用一个服务直接从 Redis 或数据源中获取数据用于规则的判断？在 RHS 中处理完业务逻辑后，是否可以直接调用一个服务用于记录日志或发出报警通知？

类似的问题在实践中也很常见。Drools 提供了通过 global 定义全局变量的方式来实现相关功能。在上述示例中，我们定义了两个提供服务的类：BlackListService 和 MessageService。前者用在了 LHS 中，后者用在了 RHS 中。

知道了全局变量的大概作用，我们来看一下具体的使用方法。要在规则中使用全局变量，需要先初始化并通过 KieSession 来设置。示例中代码块②部分便是这个作用。

```
// 代码块②：设置全局变量
// 黑名单校验服务
BlackListService blackListService = new BlackListService();
kieSession.setGlobal("blackListService", blackListService);
// 消息通知服务
MessageService messageService = new MessageService();
kieSession.setGlobal("messageService", messageService);
```

这里先直接创建了两个对象，然后通过 KieSession 提供的 setGlobal 方法进行设置即可。其中第一个参数是给变量提供一个标识（可以理解为变量名），在规则中使用变量时便是通过这个标识进行绑定的。

全局变量被设置到 KieSession 中之后，便可以在规则中使用了。规则中使用全局变量的方式如下：

```
global com.secbro2x0.service.BlackListService blackListService;
global com.secbro2x0.service.MessageService messageService;
```

global 变量的定义通常与 import 放在一起，global 关键字后面跟随的是类的全路径名和 setGlobal 方法指定的标识。然后，便可以直接使用全局变量来调用方法了。

```
when
    $u : User(isEmpty(phone) || blackListService.isInBlacklist(phone));
then
    messageService.notify("手机号为【 " + $u.getPhone() +"】的用户存在于黑名单中，请对
        账户进行核查锁定 ");
end
```

全局变量的定义和使用方式虽然比较简单，但在使用的过程中仍有一些注意事项。全局变量可以为规则文件提供数据和服务，但重点是用在结果处理部分。另外关于示例中 BlackListService 部分的语法使用，前文也提到过相应的注意事项，大家在实践中需根据情况进行评定。

上面的示例中虽然展示了如何在 LHS 中使用全局变量，但是也只是展示了语法功能。全局变量并不会被插入工作内存中，因此，除非作为常量值，否则全局变量不应用于规则约束的判断中。在事实对象发生改变时，规则引擎会根据算法动态更新决策树，重新激活某些规则的执行，然而全局变量不会对规则引擎的决策树有任何影响。在约束条件中错误地使用全局变量会导致意想不到的错误。

4.3.6 function 的使用

在 Java 中为了让代码更具可读性、更优雅，以及方便重用，我们会将不同的功能通

过不同的方法来实现。在规则文件中，我们也可以通过 function 来定义函数，它的作用与 Java 中的方法一致，在复杂的业务场景下可将不同的功能通过方法进行拆分实现。

函数在规则文件中通常有两种呈现形式，第一种形式就是通过"import static"关键字引入。

```
import static com.secbro2x0.utils.StringUtils.isEmpty;
```

通过这种形式引入类中的静态方法之后，在规则文件中便可直接使用，这种形式的导入和使用与在 Java 中静态方法的导入和使用完全一致。

第二种形式就是通过 function 自定义函数。在规则文件中可以通过 function 关键字来定义函数，示例中的实现代码如下：

```
// 定义函数，根据资产计算信用额度
function int calculateAmount(int fixedAssets){
    // 此处仅为展示 function 的功能，在实践中可考虑通过第 3 章中的示例来实现
    if(fixedAssets <=0){
        return 0;
    }else if(fixedAssets < 100){
        return 10;
    } else {
        return 20;
    }
}
```

function 函数的定义与 JavaScript 的方法类似，函数的内部实现支持 Java 的语法。通过 function 定义的函数可以直接在 LHS 和 RHS 中使用。上面提到的第一种形式引入的静态方法也可以直接在规则文件中通过函数来实现。

```
function boolean isEmpty(String string){
    return string == null || "".equals(string);
}
```

函数的实现和使用都很简单，之所以专门进行讲解，最主要的目的是让大家能够意识到可以通过这种形式来更合理地规划代码，特别是在大型项目中。

4.4 Drools 8 核心语法分析

在 4.2 节中我通过一个综合示例讲解了 Drools 传统风格语法中的核心知识点。在这一节中我会使用同一示例，再基于 Drools 8 中规则单元的语法重新实现一遍其功能。这样，大家可以更加直观地感受到二者实现方面的区别。同时，针对 Drools 8 中规则单元语法对

传统语法的改进，我也会进行相应的讲解。

4.4.1　规则单元与传统语法

在第 3 章中，我们已经体验了 Drools 8 规则单元语法风格的魅力，本小节我们将继续学习规则单元语法的示例。在此之前，你是否有一个疑问：Drools 8 的规则单元语法和传统语法在底层实现上到底有什么不同？

首先，可以肯定的是，Drools 7 和 Drools 8 所使用的规则引擎是完全相同的，底层使用的是同一套 API。它们之间的区别，除了 Drools 8 引入的新特性之外，最重要的就是语法风格上的区别了。

其次，Drools 8 的 API 只是在 Drools 规则引擎的 API 上进行了一些扩展，用于支持规则单元的概念。规则单元则是一种新的模块化规则设计方式，它将规则、事实对象和查询组合在一起，以便更好地组织和管理它们。

最后，除了规则单元的概念之外，Drools 8 还引入了一些新的语法元素，例如声明式注释、推理日志记录等。这些新的语法元素可以帮助开发人员更好地理解和调试规则。

因此，尽管 Drools 7 和 Drools 8 之间存在一些语法上的区别，但它们共用一套 API，并且 Drools 8 引入的新语法元素和规则单元的概念可以帮助我们更好地管理和组织规则库。这也是官方推荐使用 Drools 8 的原因之一。

4.4.2　Drools 8 示例实现

将前文传统语法代码修改为 Drools 8 规则单元实现方式，相当于演示了从 Drools 7 迁移到 Drools 8 的过程。整个过程大概分为以下 5 步。

第 1 步　升级 pom 依赖文件。

先要升级对应的 pom 依赖类库，使用 Drools 8 的依赖类库。在前文的示例中我已经引入并讲解过，这里直接展示相关依赖代码。

```
<properties>
        <project.build.sourceEncoding>UTF-8</project.build.sourceEncoding>
        <maven.compiler.release>11</maven.compiler.release>
        <drools.version>8.33.0.Final</drools.version>
</properties>

<dependencies>
```

```xml
        <dependency>
            <groupId>org.drools</groupId>
            <artifactId>drools-ruleunits-engine</artifactId>
            <version>${drools.version}</version>
        </dependency>
        <dependency>
            <groupId>org.drools</groupId>
            <artifactId>drools-wiring-dynamic</artifactId>
            <version>${drools.version}</version>
        </dependency>
    </dependencies>

    <build>
        <plugins>
            <plugin>
                <artifactId>maven-compiler-plugin</artifactId>
                <version>3.8.1</version>
            </plugin>
            <plugin>
                <groupId>org.kie</groupId>
                <artifactId>kie-maven-plugin</artifactId>
                <version>${drools.version}</version>
                <extensions>true</extensions>
            </plugin>
        </plugins>
    </build>
```

在实践中大家根据需要修改 JDK 版本或 Drools 版本，或添加其他依赖。这里仅展示最小化依赖。

第 2 步 修改项目结构、实体类实现。

这里实体类及返回结果依旧采用 Drools 7 示例中的 User 和 DroolsResult，不做其他改动。StringUtils 类、BlackListService 类和 MessageService 类也不做变更。在项目结构中，不再需要 META-INF/kmodule.xml 文件，因此可以把它移除。

第 3 步 修改规则语法以及涉及的代码实现。

由于需要采用规则单元方式实现，因此需要创建 User 对应的规则单元类 UserUnit。

```java
public class UserUnit implements RuleUnitData {

    private final DataStore<User> users;

    private BlackListService blackListService;
```

```
    private MessageService messageService;

    public UserUnit() {
        this(DataSource.createStore());
    }

    public UserUnit(DataStore<User> users) {
        this.users = users;
    }

    public DataStore<User> getUsers() {
        return users;
    }
    // 省略 BlackListService 和 MessageService 的 getter/setter 方法

}
```

其中，BlackListService 类和 MessageService 类的实例对象，通过 UserUnit 传入规则引擎当中，不再采用之前的 global 语法来实现。

这一步是规则代码修改的重点。这里为了方便大家阅读，保留对原本对应 Drools 7 写法的注释，大家可以对照阅读。规则文件 calculate-amount.drl 的具体实现如下：

```
package com.secbro2.unit;

//import com.secbro2.entity.UserUnit;
unit UserUnit;

import static com.secbro2.utils.StringUtils.isEmpty;
//import com.secbro2.service.BlackListService blackListService;
//global com.secbro2.service.MessageService messageService;

// 优先级最高，直接拒绝交易
rule "check-the-phone-is-in-blacklist"
//agenda-group "calculate-max-amount-group"
// 设置优先级
salience 100
no-loop true
when
//    $u : User(isEmpty(phone) || blackListService.isInBlacklist(phone));
    $u : /users[isEmpty(phone) || blackListService.isInBlacklist(phone)];
then
    $u.setCode("REFUSED");
    $u.setDesc(" 信息不全或触发黑名单 ");
    System.out.println("【规则 check-the-phone-is-in-blacklist】: 信息不全或触发黑名单 ");
    messageService.notify(" 手机号为【 " + $u.getPhone() +"】的用户存在于黑名单中，请对
        账户进行核查锁定 ");
```

```
        update($u);
    end

    // 计算上限金额
    rule "calculate-max-amount"
    //agenda-group "calculate-max-amount-group"
    salience 99
    when
    //    $u : User(code == "ACCESSED");
         $u : /users[code == "ACCESSED"]
    then
         $u.setMaxAmount(calculateAmount($u.getFixedAssets()));
         System.out.println(" 【规则 calculate-max-amount】: 进行分值评定 ");
    end

    // 定义函数，根据资产计算信用额度
    function int calculateAmount(int fixedAssets){
         // 此处仅为展示 function 的功能，在实践中可考虑通过第 3 章中的示例来实现
         if(fixedAssets <=0){
              return 0;
         }else if(fixedAssets < 100){
              return 10;
         } else {
              return 20;
         }
    }

    function boolean isEmpty(String s){
         return s == null || "".equals(s);
    }
```

相关的改动及注意事项有以下几点，大家在使用的时候需要注意。

首先，规则文件物理路径、规则文件内的包路径、规则文件对应的规则单元类（UserUnit）包路径需要保持一致。比如该示例中，UserUnit 的包路径为 com.secbro2.unit，那么规则文件在 resources 目录中应该放置到同样的路径下，而规则文件内的包（package）声明也应该是 com.secbro2.unit。这一点与 Drools 7 风格的随意定义不一样，需要特别留意，否则会出现以下两种异常：

```
Cannot find any rule unit for RuleUnitData of class:com.secbro2.unit.UserUnit
```

或

```
Unknown rule unit: UserUnit
```

这一点对之前 Drools 7 路径没有统一规范的情况影响比较大，同时也提醒我们：虽然

传统语法并不做强制要求，但是建议实现时尽量让三者保持一致。

其次，规则文件新增了 unit 声明，这是使用规则单元的常规操作。需要注意的是"unit UserUnit;"必须位于 package 和 import 之间，不能放在 import 之后，否则会抛出如下异常：

```
org.kie.api.builder.CompilationErrorsException: Unable to create KieModule,
    Errors Existed:
```

由于使用了规则单元，之前引入的 User、BlackListService 和 MessageService 就可以注释掉了，而 StringUtils 的使用与之前保持一致。

再次，在规则单元中，每个规则都必须属于某个单元（unit），而不能属于规则组（agenda-group）或规则流组（ruleflow-group）。这是因为规则单元旨在支持基于单元的编程模型，它强调规则的组织方式应该是基于单元而不是基于组的。因此，需要将上述代码中的 agenda-group 注释掉，而规则单元本身就代表了分组的概念。

最后，其他规则语法修改与之前示例中一致，采用 Drools 8 规则单元的 OOPath 风格。

第 4 步　修改调用代码。

调用代码如下：

```java
public class CalculateAmountTest {
    public static void main(String[] args) {
        UserUnit userUnit = new UserUnit();
        BlackListService blackListService = new BlackListService();
        MessageService messageService = new MessageService();
        userUnit.setBlackListService(blackListService);
        userUnit.setMessageService(messageService);
        RuleUnitProvider ruleUnitProvider = RuleUnitProvider.get();
        try (RuleUnitInstance<UserUnit> instance = ruleUnitProvider.createRuleUn
            itInstance(userUnit)) {
            User user = new User();
            // 黑名单中的手机号
            user.setPhone("13888888888");
            user.setFixedAssets(80);
            userUnit.getUsers().add(user);

            int count = instance.fire();
            System.out.println("触发了" + count + "条规则。");
            System.out.println("规则执行结果, code=" + user.getCode() + ",desc=" +
                user.getDesc() + ", maxAmount=" + user.getMaxAmount());
        }
    }
}
```

关于规则调用代码，在之前的示例中大家已经实践过，就不再多说了。这里大家可以留意两个 Service 类是如何实例化并传入的，这一点前面已经提到过，在项目实践中大家也要适当考虑是否适合采用这种模式。

第 5 步 执行验证操作。

执行上述程序，通过打印日志来验证规则的执行情况。首先，当手机号为"13888888888"时，黑名单被触发，打印日志如下：

【规则 check-the-phone-is-in-blacklist】：信息不全或触发黑名单
MessageService 消息通知：手机号为【13888888888】的用户存在于黑名单中，请对账户进行核查锁定
触发了 1 条规则。
规则执行结果，code=REFUSED,desc= 信息不全或触发黑名单，maxAmount=0

当手机号为"13888888880"时，用户不在黑名单内，走正常的计算逻辑，打印日志如下：

【规则 calculate-max-amount】：进行分值评定
触发了 1 条规则。
规则执行结果，code=ACCESSED,desc=null, maxAmount=10

可以看出，规则正常触发执行，与 Drools 7 风格的执行结果一致。

至此，关于 Drools 8 的示例讲解完毕，当然 Drools 8 的规则单元还有其他新的语法，大家可自行尝试。

第 5 章

Drools 核心 API 详解

通过上一章的学习，我们了解了 Drools 规则文件的基础语法。从这一章开始，我们将从基础的语法点的学习转向实战过程所需的 API 使用方法的学习。语法是用来实现基础业务逻辑的，然而在规则引擎的使用中，我们不仅要通过语法来实现业务逻辑，还要配合规则引擎提供的 API 来实现部分 BRMS 所包含的功能，比如规则文件的加载、初始化、动态扫描，以及 Session 的创建等一列配合性操作。这就需要先了解核心 API。

上一章中提到，无论是 Drools 的传统语法还是 Drools 8 的规则单元语法，它们本质上都是基于 Drools 规则引擎的 API（基本上都是传统语法所使用的 API）展开的。规则单元也是在规则引擎 API 上的扩展。因此，学习这些核心 API，还是非常有必要的。

本章内容是对核心 API 的汇总概述，会展示一些与 API 使用相关的示例代码，所涉及的 API 在前面章节中已经出现或者在后续章节中会陆续出现。由于规则单元语法基本上是构建在传统 API 上的，因此本章以传统 API 为重点，同时也会讲解规则单元相关的 API。

大家学习本章时无须死记硬背，先做整体上的了解，知道 API 的大概功能、使用场景、使用方法后，在实践时再回来查阅。

5.1 什么是 KIE

本章我们要学习的 Drools 核心 API 类都是以 "Kie" 或 "KIE" 开头的。所以，大家在学习具体 API 之前，要先回顾 KIE 的基础概念。

在第 1 章中，我已经提到 Drools 系列自 6.0 版本以后引入了 KIE（Knowledge is Everything，知识就是一切）的概念。KIE 是 JBoss 开源的一组项目的总称。这些项目既包括 Drools 规则引擎、jBPM 工作流引擎、OptaPlanner 约束规划引擎等。这些项目既可以独立使用，也可以组合使用，从而构建出复杂的业务流程和决策系统。

KIE 为这些项目提供了统一的构建（Building）、部署（Deploying）和加载（Loading）等规范和支持。KIE 还提供了基于 Web 的管理控制台，支持规则、流程、决策表等资源的管理、部署和版本控制等。比如，KIE Workbench 可用于管理 Drools 和 jBPM 项目，KIE Server 便是可用于分发、执行规则和流程的运行时服务器。当然，在 Drools 8 中替代它们的 Kogito 也属于此类。

此外，KIE 还提供了一些 API 和工具，比如 KieServices、KieContainer、KieSession 等，这使得将规则引擎和流程集成到现有应用系统中变得更加容易。这些 API 便是本章要讲的重点，这些 API 的基本使用方法也适用于 KIE 下的相关项目。

总之，JBoss 通过 KIE 这一抽象概念以及通用 API 将 Drools、jBPM 等相关项目进行了整合，统一了规范和实现方式。像 KieServices 这类 API 就是整合后的结果，无论是在 Drools 中还是在 jBPM 中，它们的使用方法都是一样的。

5.2 核心 API 之间的关系

在学习各个 API 的具体使用之前，我们还要先从整体上了解规则引擎实例以及核心 API 之间的关系，这样更易于理解具体 API 所处的位置以及作用。

Drools 支持以不同的方式来创建规则引擎实例，这也就造就了 API 使用方式的多样性，我们可以选择最适合的 API 使用方式来创建规则引擎实例。本章主要介绍 API 的主流使用方式，如果你在其他地方看到别的使用方式，也不用奇怪。

Drools 创建的规则引擎实例是一个密封的上下文，实例中定义的规则会根据传入的数据进行业务评估（是否触发或执行工作）。规则引擎可以看作一个在服务器中运行规则的单一进程，我们可以发送数据给规则引擎来处理。通常不会采用一个大的规则引擎实例来处理所有规则，而是通过多个实例处理不同的规则和数据。

本章所涉及的 API 基本上都是为规则引擎实例的创建、运行等功能提供服务的，比如 KieServices、KieContainer、KieModule、KieBase、KieSession 等。这些 API 之间的关系是非常紧密的，通过它们的相互配合可以实现最终目的。

图 5-1 为部分核心 API 关系图，大家把握住图中的主干部分，对其他未涉及的类可以

基于主干部分进行拓展。

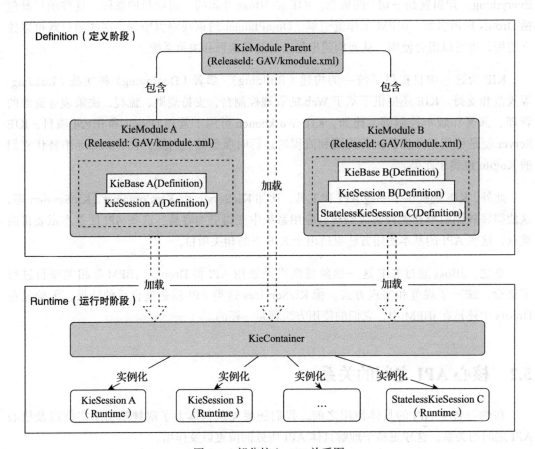

图 5-1　部分核心 API 关系图

图 5-1 中包括两部分：一部分为 KieModule 及其依赖组件的定义阶段，可以简单对照 kmodule.xml 中对 KieBase 和 KieSession 等的配置，当然它们也可以在 KJAR 中定义；另外一部分为运行时阶段，此阶段 KieContainer 可基于 KieModule 中的定义，来完成资源加载对象的实例化。

其中，KieContainer 可以理解为 KieModule 的容器。在 KieContainer 中可以包含 KieModule，以及 KieModule 自身的一些依赖。每个 KieModule 都包含了某一领域相关的业务资产（业务规则、业务流程、决策表等）。KieModule 同时又可以包含其他 KieModule，从而可以组成一个顶级的 KieModule，包含来自不同领域的若干资产。这些 KieModule 最终以一种等级组织的方式被加载到 KieContainer 中。

介绍了上述基础概念以及 API 之间的关系后，下面我来逐一讲解相关 API。

5.3　KieServices 详解

KieServices 是与 KIE 工作流程引擎紧密相关的核心类之一。它提供了许多服务和工厂方法，方便用户创建、配置和获取 Drools 的各种组件。前面示例中的第一行代码便是获得 KieServices 的实例对象，它既是 Drools 启动的入口类，是进行规则引擎操作的起点，也是 Drools 的一个中心。

KieServices 是一个接口，定义了获取所有 KIE 服务（KIE 构建和运行时基础组件）的方法。前面我们已经知道 KIE 是 jBoss 定义的一组项目的标准，KieServices 便是其中之一，而在其他项目（比如，jBPM）中同样使用 KieServices 来定义相同的功能。

KieServices 是单例对象，获取实例对象的方式因版本不同而略有差别。在 Drool 7 和 8 版本中，可使用如下方式获取实例对象：

```
KieServices kieServices = KieServices.get();
```

在 Drools 6.x 版本中，可使用如下方式获取实例对象：

```
KieServices kieServices = KieServices.Factory.get();
```

当然 Drools 7 和 8 版本也能够兼容 Drools 6.x 版本的写法，我们查看源码会发现，它们为兼容 Drools 6.x 中的写法单独封装了一个 get 方法。

KieServices 中包含了一个用来创建自身的工厂类 Factory，该类可以基于线程安全的方式创建一个单例的 KieServices 对象。KieServices 的实例化是基于 SPI（服务提供者接口）机制来完成的，对应的配置文件是位于 drools-compiler 包中的 META-INF/services/org.kie.api.KieServices 文件，具体配置如下：

```
org.drools.compiler.kie.builder.impl.KieServicesImpl
```

关于 KieServices 的实例化，Drools 8 和 Drools 7 是有所区别的，感兴趣的读者可以看一下 Drools 7 的源码。本质上 KieServices 的实例化是初始化了一个 KieServicesImpl 对象，而 KieServices 接口所有的方法均由它来实现。

KieServices 常用于编译和加载规则、创建和管理 KieSession、处理 KIE 容器等，它提供了许多服务和工厂方法，具体如下：

❑ KieFileSystem：提供了一组 API，用于读取和写入 Drools 资源文件，如 .drl 文件、KieModule.xml、Excel 文件等。

❑ KieBuilder：编译 KieModule，用于将 Drools 资源文件编译成可执行的规则集。

❑ KieContainer：从 KieModule 中加载已编译的规则集，生成一个 KieBase 实例。

❑ KieSession：提供了规则集执行的环境，可以使用它来执行规则。

其中，KieServices 最主要的功能当属获取 KieContainer 了，可通过如下方式获取：

```
KieContainer kieContainer = kieServices.getKieClasspathContainer();
```

通过这种方式，所有 Java 资源和 KIE 资源都被编译并部署到 KieContainer 当中，使其可在运行时中使用，进而基于 KieContainer 可获得 KieBase 和 KieSession 等信息。利用 KieServices，还可以获取 KieRepository 对象，利用 KieRepository 来管理 KieModule 等。关于其他更多的功能，大家可以直接查看 KieServices 中定义的方法，这里不再赘述。

总之，KieServices 接口是 Drools 获取 KIE 组件的入口，通过它几乎可以直接或间接获取所有核心 API。关于每个 API（组件）是如何被初始化的，大家可以查看 KieServices 实现类 KieServicesImpl 的源码。同时，大家也可以简单浏览 KieServices 接口中定义的方法，只要了解了 KieServices 这个万能钥匙，学习后续相关组件便容易多了。

5.4 KieContainer 详解

KieContainer 是 Drools 框架的关键 API，用于管理一组 KieModule 模块，并提供一些基础的 API 来使用这些模块。通过 KieContainer 可以加载 KieModule 和 KieModule 的依赖组件。

KieModule 是一种打包格式，它包含了用于 Drools 规则引擎的各种资源文件，比如 .drl 文件、规则流定义文件、规则集合文件、决策表文件等。通过 KieContainer，可以方便地加载和管理这些资源文件，从而构建和执行 Drools 规则。

KieContainer 中定义了获取 KieBase、KieSession、StatelessKieSession、KieSession-Configuration 等对象的方法。在规则引擎中，KieContainer 的实例化对象也是一个单例对象。

当获得 KieServices 之后，可以通过 KieServices 来获得 KieContainer。

```
KieContainer kieContainer = kieServices.getKieClasspathContainer();
```

KieContainer 可以在运行时动态地编译和构建 Drools 规则。如果 KieModule 模块中包含的是规则文件，那么在获取 KieContainer 时，Drools 会自动编译和构建这些规则。在编译时，Drools 会将规则文件转换为可执行的 Drools 规则，以便在应用程序运行时快速执行。

所有 Java 资源和 KIE 资源都被编译并部署到 KieContainer 当中，后续便可以实例化所需对象（比如 KieSession 等）。这种获取 KieContainer 的方式是通过类路径（classpath）方式进行规则加载的，通常需要将要加载的模块（KJAR）放置于项目（通过 pom 文件）依赖中或直接将资源文件（规则文件等）放置在当前项目中。

其实，KieServices 提供了多种方式来获取 KieContainer 对象，上述代码采用直接从类路径的配置中构建 KieContainer。这种方式创建 KieContainer 是基于 ClasspathKieProject 来进行初始化的，属于基于类路径 KieModule 的加载方式。

另外一种方式是通过加载 Maven 仓库中资源来构建 KieContainer 的，可基于 KieServices 的 newKieContainer 方法来获得 KieContainer。这是基于 KieModuleKieProject 来进行初始化的，属于动态 KieModule 的加载方式。KieServices 中定义的创建方法如下：

```
KieServices kieServices = KieServices.get();
ReleaseId releaseId = kieServices.newReleaseId( "com.secbro2",
                        "chapter4-tranditional-score", "1.0.0");
KieContainer kContainer = kieServices.newKieContainer(releaseId);
```

上面这种方式是通过 Maven 提供的工具进行加载（或者称为 Kie-CI）的，它与通过类路径进行加载的最大不同在于，不需要项目中直接存储资源文件或在 pom 文件中添加要加载的其他模块的 GAV（GroupId、ArtifactId 和 Version）。KIE (KJAR) 项目本身也是 Maven 项目，在其 pom 文件中会有 GAV 的声明，这里通过 ReleaseId 在应用程序中对此项目进行唯一标识。

在使用这方式时还需要在 pom 文件中添加 kie-ci 的依赖类库。

```
<dependency>
    <groupId>org.kie</groupId>
    <artifactId>kie-ci</artifactId>
    <scope>test</scope>
</dependency>
```

上面通过 KieServices 的 newKieContainer(ReleaseId　releaseId) 方法来构建 KieContainer，这种方法使用 ReleaseId 来指定 KieModule 的版本。如果需要，还可以通过 KieContainer 的 updateToVersion(ReleaseId　version) 方法来将指定的 ReleaseId 升级到新版本。

获得 KieContainer 之后，我们经常还会做的一件事就是构建并验证 KieBase 中所包含的规则的合法性，并返回验证结果，这里需要用到 KieContainer 的 verify 方法。

使用示例如下：

```
KieServices kieServices = KieServices.get();
KieContainer kieContainer = kieServices.getKieClasspathContainer();
```

```
Results verify = kieContainer.verify();
for (Message message : verify.getMessages()) {
    System.out.println(message.getLevel().name() + ": " + message.getText());
}
```

同时，KieContainer 还提供了一个带参数的 verify 方法，参数指定了要验证的 KieBase 的名称，在需要单独验证指定的 KieBase 的情况下可使用这种方法。KieContainer 提供的这个功能在规则修改之后，发布上线之前，执行以检查资源文件是否存在编译错误是非常有必要的。

上面介绍了 KieContainer 的作用及创建方式。在实践中通过 KieContainer 来创建与规则引擎进行交互的会话十分常见，会话包括有状态会话（KieSession）和无状态会话（StatelessKieSession）。当获取 KieSession 时，可以从 KieContainer 中获取已经编译的规则，从而在应用程序中使用它们。获取规则示例如下：

```
KieServices kieServices = KieServices.Factory.get();
ReleaseId releaseId = kieServices.newReleaseId("com.example", "my-rules",
    "1.0.0");
KieContainer kieContainer = kieServices.newKieContainer(releaseId);

// 从 KieContainer 中获取 KieSession
KieSession kieSession = kieContainer.newKieSession();

// 获取所有已加载的规则
Collection<KiePackage> packages = kieContainer.getKieBase().getKiePackages();
for (KiePackage kiePackage : packages) {
    System.out.println("Package Name: " + kiePackage.getName());
    Collection<Rule> rules = kiePackage.getRules();
    for(Rule rule : rules){
        System.out.println("rule : " + rule.getName());
    }
}
```

关于 KieSession 的使用后面还会具体讲解。另外，对于 KieContainer 的其他方法和功能，大家可自行尝试验证，这里就不再展开了。

5.5 KieModule 详解

KieModule 是一种可部署的 KIE 项目，一个 KieModule 中包含了所有规则和其他资产（如流程定义、决策表等），并提供了一种灵活的部署方式，可在运行时动态更新和替换规则和资产，而不需要重启应用程序。

通常 KieModule 提供了以下功能：

- ❑ 打包规则和其他资产：KieModule 可以将规则、流程定义、决策表等打包成一个可部署的 KIE 项目。
- ❑ 动态更新和替换资产：KieModule 提供了一种动态更新和替换规则和资产的方式，可以在不重启应用程序的情况下对规则进行更新和替换。
- ❑ 版本控制和管理：KieModule 可以对规则和资产进行版本控制和管理，便于管理和升级。

假设我们有一个基于 Drools 的决策管理系统，包含一个 KieModule 项目，其中包含一些规则文件。我们可以将 KieModule 打包为一个 JAR 文件，将其部署到 Drools 规则引擎中。在运行中，当需要更新规则时，可以将新的规则文件打包成一个新的 KieModule 项目，然后使用 Drools 规则引擎的 API 动态加载和替换规则，而无须重启应用程序。这样可以大大提高系统的可维护性和灵活性。

KieModule 是一个包含规则的标准的 java-maven 项目，它还可以包含其他 KieModule，从而形成一个层级结构（可参考图 5-1），最终由 KieContainer 来触发完成实例化。

在前面示例中，META-INF 目录下 kmodule.xml 配置文件中根节点 <kmodule> 对应的就是一个 KieModule。在 kmodule 中可以配置多个 kbase 元素，这些元素最终会生成对应的 KieBase 对象。该文件中还可以配置创建 KieBase 时指定的一些配置信息，比如名称、路径、默认 KieSession 等，具体配置属性信息可参考 KieBase 和 KieSession 部分的说明。kmodule.xml 配置示例如下：

```xml
<?xml version="1.0" encoding="utf-8" ?>
<kmodule xmlns="http://www.drools.org/xsd/kmodule">
    <kbase name="calculate-amount" packages="com.secbro2.calculate">
        <ksession name="calculate-amount"/>
    </kbase>
</kmodule>
```

针对 KieModule 可以稍做拓展。通常，一个 KIE 项目或模块就是一个包含了元数据文件 META-INF/kmodule.xml 的 Maven 项目或模块。kmodule.xml 文件是描述符的，用于选择 KieBase 的资产和配置 KieBase 的会话等。这个项目或模块可以打成 JAR 包供应用程序使用。

KIE 项目基于最简化配置的原则，一个最简单的配置就是 kmodule.xml 文件，即便该文件内容为空，它也必须存在。KIE 基于该文件发现 JAR 包及相关资产。

对于包含 kmodule.xml 的 JAR 包，通常可通过两种方式加载：像正常 JAR 文件一样通过 Maven 依赖添加到类路径中，或者通过运行时动态加载。

KIE 会扫描类路径中所有包含 kmodule.xml 的 JAR。每找到一个 JAR 文件，就用一个 KieModule 来标识。类路径 KieModule 和动态 KieModule 分别用来表示这两种加载方式。动态加载方式支持并行版本控制，类路径加载方式则不支持。此外，一旦类路径下存在一个 KieModule，就不能动态加载其他版本了。

KieModule 既可以通过默认配置自动构建，也可以通过 KieBuilder 来获取。

```
KieModule kieModule = kieBuilder.getKieModule();
```

在前面的示例中，我们采用的便是类路径 KieModule 加载方式。如果规则和 KieModule 通过 Workbench 进行配置，生成 JAR 包，然后由 KIE Server 进行动态加载，那么这种方式便是基于动态 KieModule 的加载方式。无论采用哪种方式，KIE 的资产（例如 DRL 文件或 Excel 文件）都必须存储在 resources 文件夹或它的子文件夹中。

5.6 KieBase 详解

KieBase 是一个用于定义和管理规则和事实的容器，它包含了一组规则（Rules）、流程（Processes）、函数（Function）、约束（Constraints）和决策表（Decision Tables）等，同时也是知识库的基础组件之一。KieBase 中还包含了规则中用到的对象的定义以及它们之间的关系，可以看作一个规则的上下文。一个 KieBase 可以包含多个 KieSession，一个 KieSession 可以关联多个 KieBase。

KieBase 的主要功能包括：

❑ 规则的编译和管理：KieBase 可以将规则文件（如 DRL 文件）编译成规则对象，方便后续管理和执行。
❑ 规则的执行：KieBase 可以执行规则，基于事实数据和规则的定义，产生决策结果。
❑ 决策表的管理：KieBase 支持对决策表的定义和管理，方便用户定义规则。
❑ 对象模型的定义：KieBase 中定义了规则所需的对象模型和对象之间的关系。

KieBase 隐藏在 KieModule 中，可以从 KieContainer 获得。当项目中包含 kmodule.xml 文件时，如果该文件中配置了 kbase 元素，Drools 则会根据元素配置和生成对应的 KieBase 对象。如果只是引入了一个仅带有 kmodule 标记的 kmodule.xml 文件，Drools 也会默认生成一个 KieBase。存储在目录 resources 或其任何子文件夹下的所有 KIE 资产将被编译并添加到 KieBase 中。要触发这些组件的构建，创建一个 KieContainer 即可。

KieBase 通常在 kmodule.xml 文件中进行配置：

```xml
<?xml version="1.0" encoding="utf-8" ?>
<kmodule xmlns="http://www.drools.org/xsd/kmodule">
    <kbase name="kbase1" packages="com.secbro2.calculate" includes="calculate-
        amount" default="false" equalsBehavior="identity" eventProcessingMode="cloud"
        declarativeAgenda="false">
        <ksession name="ksession1"/>
    </kbase>
</kmodule>
```

上述配置中展示了 KieBase 在 kmodule.xml 中定义的常见属性的使用，具体使用说明如下：

❑ name：指定 KieBase 的名称，必须唯一。在 KieContainer 中可通过该名称检索到实例化的 KieBase 对象。

❑ packages：指定构建 KieBase 时所加载的资源路径。默认（不指定）情况下，资源文件夹下任何级别的所有 Drools 资产都包含在 KieBase 中。

❑ includes：指定在此 kmodule 中包含的其他 KieBase，用逗号分隔多个 KieBase，被包含的 KieBase 的资产也将包含在此 KieBase 内。

❑ default：指定该 KieBase 是否默认的 KieBase，如果设置为 true，则在 KieContainer 获取它时可不传递 KieBase 的名称。同时，每个 kmodule.xml 中只能有一个默认的 KieBase。

❑ equalsBehavior：定义将事实对象插入工作内存时的行为特性。如果值为 identity，除非内存中已经存在相同的对象，否则每次都会创建新的 FactHandle；如果值为 equality，只有当新插入的事实对象与已存在的对象不相等（通过对象提供的 equals 方法）时，才会创建新的 FactHandle。

❑ eventProcessingMode：指定事件处理模式，取值 cloud 或 stream。在云模式（取值 cloud）下编译时，KieBase 将事件视为正常事件，而在流模式（取值 stream）下它们可以用于进行时间推理。

❑ declarativeAgenda：定义是否启用声明性议程，取值 disabled、enabled，或者 false、true。

需要注意的是，创建 KieBase 会加载所有资产文件，这是重量级操作，而创建会话非常简单，因此建议尽量对 KieBase 进行缓存，然后基于缓存 KieBase 重复创建会话。不过无须担心，KieContainer 默认会实现对 KieBase 的缓存。

通过 KieBase 提供的方法，不仅可以获取到 KieSession 和 StatelessKieSession 会话对象，还可以获取到规则（Rule）、流程（Process）、包（KiePackage）、查询（Query）函数等，

同时还支持对规则、Query 函数、Function 函数、流程等的移除操作。

在 KieContainer 中可以通过多种 API 方式获取和创建 KieBase 对象。

```
// 获取默认 KieBase
KieBase getKieBase();
// 根据 KieBase 名称获取 KieBase
KieBase getKieBase(String kBaseName);
// 根据配置文件创建 KieBase
KieBase newKieBase(KieBaseConfiguration conf);
// 根据配置文件创建指定名称的 KieBase
KieBase newKieBase(String kBaseName, KieBaseConfiguration conf);
```

另外，在 kmodule.xml 中支持定义多个 KieBase。

```
<kbase name="kbase1" default="true" packages="com.secbro2.calculate">
    <ksession name="KSession2_1" type="stateful" default="true"/>
    <ksession name="KSession2_2" type="stateless" default="false" beliefSystem=
        "jtms"/>
</kbase>
<kbase name="kbase2" default="false" packages="com.secbro2.calculate1">
    <ksession name="KSession3_1" type="stateful" default="true"/>
</kbase>
```

可以看出，通过 kmodule.xml 可以定义多个 KieBase，但只能有一个 default 属性设置为 true。同时，每个 KieBase 下还可以定义多个 KieSession。

总之，KieBase 是一个知识仓库，包含了指定（或默认）包下所有的规则、流程、函数、方法等，在 Drools 中主要就是规则和方法了。但 KieBase 本身并不包含运行时的数据，如果要执行 KieBase 中的规则，需要先根据 KieBase 创建 KieSession。在 KieSession 中加载 Drools 规则引擎真正要运行的数据。

5.7 KieRepository 详解

KieRepository 通常用于管理和存储 Drools 资源，包括规则、模型、决策表等。它提供了一种基于 Git 的版本控制系统，可以将规则代码存储在本地或远程的 Git 存储库中，并且可以进行版本控制、分支管理、合并等操作，方便团队协作和代码管理。

KieRepository 主要有以下功能和使用场景：

❏ 管理 Drools 资源：KieRepository 提供了一个统一的存储库，用于管理和存储 Drools 资源，包括规则、模型、决策表等。用户可以将这些资源存储在本地或远程的 Git 存储库中，方便进行版本控制和分支管理等操作。

❑ 版本控制：KieRepository 基于 Git 实现了版本控制功能，可以对规则进行版本控制、分支管理、合并等操作，方便团队协作和代码管理。用户可以通过 Git 命令行或 Git 客户端工具来管理规则的版本。

❑ 统一管理：KieRepository 提供了一个统一的资源管理系统，可以将 Drools 规则、流程定义、模型等资源集中存储，并通过 REST API 等方式进行访问和管理，方便应用程序调用和更新规则。

❑ 应用部署：KieRepository 可以将 Drools 规则和流程定义打包为 JAR 包或 WAR 包，方便应用程序部署和调用。同时，KieRepository 还支持将规则和流程定义部署到 Drools 服务器中，方便进行规则的管理和运行。

使用 KieRepository 获取远程 Git 存储库的示例如下：

```
// 创建 KieServices 实例
KieServices kieServices = KieServices.Factory.get();
// 获取 KieRepository 实例
KieRepository kieRepository = kieServices.getRepository();
// 创建 GitRepository 实例
GitRepository gitRepository = GitRepositoryBuilder.newGitRepository("https://
xxxx.git", "myuser", "mypassword");
// 复制 Git 存储库到本地
gitRepository.cloneRepository();
// 创建 KieModule 模块
KieModule kieModule = kieRepository.addKieModule(kieServices.getResources().
  newFileSystemResource("/path/to/myrules"), gitRepository);
// 获取 KieContainer 实例
KieContainer kieContainer = kieServices.newKieContainer(kieModule.getReleaseId());
// 执行规则等操作
```

KieRepository 提供的 API 如下：

```
public interface KieRepository {

    // 如果用户没有提供 KieModule，则可从 KieRepository 中获取一个默认的 KieModule
    ReleaseId getDefaultReleaseId();

    // 添加一个 KieModule 到 KieRepository 中
    void addKieModule(KieModule kModule);

    // 根据提供的资源和依赖信息创建一个 KieModule，并自动添加到 KieRepository 中
    KieModule addKieModule(Resource resource, Resource... dependencies);

    // 根据 ReleaseId 从 KieRepository 中检索 KieModule
    KieModule getKieModule(ReleaseId releaseId);
```

```
    // 根据 ReleaseId 从 KieRepository 中移除指定 KieModule
    KieModule removeKieModule(ReleaseId releaseId);
}
```

总之，通过使用 KieRepository，我们可以轻松地管理和存储 KieModule，并将它们与 KieBase 和 KieSession 相关联。关于 KieRepository 的其他功能，大家可以自行尝试一下。

5.8 KieFileSystem 详解

KieFileSystem 是 Drools 提供的一个用于管理规则文件、模型、函数、配置等资源的 API，可以方便地将这些资源动态地加载到 KieRepository 中，以便在 KieContainer 中使用。

KieFileSystem 提供了以下主要功能：

❑ 添加、删除和更新规则文件、模型、函数、配置等资源。
❑ 为每个资源指定名称和路径。
❑ 控制资源的类型和格式，例如 DRL、DSL、XLS 等。
❑ 设置资源的元数据，例如版本、类别、描述等。

KieFileSystem 可在以下场景中使用：

❑ 动态加载规则文件和模型：KieFileSystem 可以将规则文件和模型加载到 KieRepository 中，从而在运行时动态加载规则。
❑ 管理规则资源：KieFileSystem 可以用于管理规则文件、模型、函数、配置等资源，方便进行版本控制、更新和删除。
❑ 批量添加规则：KieFileSystem 可以批量添加规则文件，方便管理和维护。
❑ 自定义规则文件存储方式：KieFileSystem 可以通过编程的方式自定义规则文件存储方式，例如从数据库、文件系统等加载规则文件。

前面讲过，可以通过 kmodule.xml 创建 KieBase 和 KieSession，当然也可以通过编程的方式来进行构建，从而替代自动加载 resources 目录下的文件。而基于编程的方式就需要用到 KieFileSystem，它是一个（基于内存的）虚拟文件系统，用于加载所有资源文件。

KieFileSystem 的创建像其他组件一样，也可以通过 KieServices 来实现。

```
KieFileSystem kieFileSystem = kieServices.newKieFileSystem();
```

无论通过什么方式创建 KIE 项目，kmodule.xml 配置文件都必须被添加到文件系统当中。这里可以通过 KieModuleModel 来完成 KieBaseModel 和 KieSessionModel 的创建。

官方提供了如下使用示例：

```
KieServices kieServices = KieServices.get();
KieModuleModel kieModuleModel = kieServices.newKieModuleModel();
KieBaseModel kieBaseModel1 = kieModuleModel.newKieBaseModel("KBase1")
    .setDefault(true)
    .setEqualsBehavior(EqualityBehaviorOption.EQUALITY)
    .setEventProcessingMode(EventProcessingOption.STREAM);
KieSessionModel ksessionModel1 = kieBaseModel1.newKieSessionModel("KSession1")
    .setDefault(true)
    .setType(KieSessionModel.KieSessionType.STATEFUL)
    .setClockType(ClockTypeOption.get("realtime"));
KieFileSystem kfs = kieServices.newKieFileSystem();
kfs.writeKModuleXML(kieModuleModel.toXML());
```

从上述示例代码中可以看出，通过编程方式创建和直接在 kmodule.xml 中定义，两者对象创建的维度是一致的。

另外，上面的代码只是创建了 KieBase 等对象，并未加载规则文件，此时可通过 KieFileSystem 的 write 方法来加载 .drl 或 .xls 格式的规则文件。

```
KieFileSystem kfs = kieServices.newKieFileSystem();
KieResources resources = kieServices.getResources();
Resource resource = resources.newInputStreamResource(ruleFileStream);
kfs.write("src/main/resources/rules/score.drl", content)
    .write( "src/main/resources/datatable/score.xls", resource);
```

通过 write 方法添加规则文件，通常支持两种形式：字符串和资源文件。比如 .drl 文件中的规则内容可以通过字符串存储，然后通过对应方法进行加载。资源文件则支持更多形式，但需要通过 KieResources 将流（InputStream）、URL、文件等形式存储的规则资源转换成 Resource，具体使用时可查看 KieResources 接口中的定义。

5.9　KieScanner 详解

随着时间的推移或者出于业务本身的需要，规则文件是需要进行修改、重新发布的。此时，有两种实现方式：一种是手动通知每个依赖于被修改的 KieModule 的应用程序，重新构建 KieContainer；另一种就是应用程序主动感知规则的变化，主动加载。很显然，当业务系统越来越多时，第二种实现方式避免了过多人工干预，也能够避免遗漏。值得庆幸的是，Drools 为第二种实现方式的机制专门提供了一个 API，这就是 KieScanner。

KieScanner 是 Drools 提供的自动化规则引擎升级工具，可以用于监控指定的 Maven 仓库或者本地文件系统，当有新版本的 KieModule（即包含规则的 JAR 包）发布时，自动更新应用程序中的规则，而无须停止应用程序或重新部署。

KieScanner 主要包含以下功能：

❑ 监控 Maven 仓库或本地文件系统：KieScanner 可以监控 Maven 仓库或本地文件系统，以便及时发现和加载新的 KieModule。

❑ 自动升级规则引擎：一旦检测到新的 KieModule，KieScanner 会自动下载、安装并启用新的规则引擎版本，从而实现自动升级规则引擎。

❑ 基于时间或版本号的策略：KieScanner 可以采用基于时间或版本号的策略来检查是否存在新的 KieModule。通过这种方式，可以根据应用程序的需要来定制规则引擎的升级策略。

KieScanner 的使用场景：

❑ 多租户规则引擎：如果在一个多租户应用程序中使用规则引擎，那么 KieScanner 可以自动升级每个租户的规则。

❑ 灰度发布：KieScanner 可以用于灰度发布场景，即将新规则的版本逐步推送给生产环境中的部分用户，以测试规则引擎的性能和正确性。

❑ 智能规则引擎：如果想构建一个智能规则引擎，要求该引擎能够自动检测并加载新的规则，那么 KieScanner 是一个很好的选择。

使用 KieScanner 时需要添加 kie-ci.jar 依赖（参考 KieContainer 中的引入方式）。当获得 KieServices 和 KieContainer 的实例化对象之后，可以通过如下方式将 KieScanner 注册到 KieContainer 中并启动：

```
KieServices kieServices = KieServices.get();
ReleaseId releaseId = kieServices.newReleaseId("com.secbro2", "drools-chapter3-
score", "1.0-SNAPSHOT");
KieContainer kieContainer = kieServices.newKieContainer(releaseId);
KieScanner kieScanner = kieServices.newKieScanner(kieContainer);
// 开启 KieScanner 轮询 Maven repository, 时间间隔为 10 秒
kieScanner.start(10000L);
```

上述代码中 KieScanner 配置为每隔固定时间间隔轮询一次 Maven 仓库，当然也可以通过 KieScanner 的 scanNow() 方法执行一次同步轮询。如果 KieScanner 发现 Maven 仓库中 KieContainer 使用的 KIE 项目有版本更新，就会自动下载最新版本，触发新项目的增量构建。此时，从 KieContainer 创建的新的 KieBase 和 KieSession 都将采用最新的版本。对应地，可以通过 stop 方法来停止 start 方法开启的定时轮询。

KieScanner 只会更新配置为 SNAPSHOT、版本范围、LATEST 或 RELEASE 的 JAR 包。如果运行时指定了固定的版本号，则不会被更新。

如果项目中没有基于 Maven 进行 JAR 包发布，而是采用文件目录，则可以通过如下方式注册 KieScanner：

```
KieServices kieServices = KieServices.get();
KieScanner kieScanner = kieServices.newKieScanner(kieContainer, "/myrepo/kjars" );
```

KieScanner 会查看文件目录 "/myrepo/kjars" 下 JAR 包的更新。但 JAR 包的命名应遵循 Maven 命名的约定，比如格式为 xxx-{artifactId}-{versionId}.jar。默认情况下，kie-ci 会使用 .m2 中的 setting.xml 文件指定的用户仓库，也可以使用 -Dkie.maven.settings.custom 系统属性来指定。

在使用 KieScanner 进行版本更新时，对版本的判断（是否新的版本）遵循 Maven 中的版本使用规范。如果版本的 GAV 相同，则进行时间戳比较，以确定哪个是最新版本。

那么，如果更新版本失败会出现什么情况？ KieScanner 更新版本的过程可视作一个原子行为，当出现任何原因导致的更新失败时，KieScanner 都会进行回滚操作，并且保持 KieContainer 原本的样子。

在 Drools 提供的 BRMS 中，我们可以直接在图形化界面中配置 KieScanner 的扫描间隔等。在实践中，无论是自建 BRMS，还是完全脱离 BRMS，都可以基于 KieScanner 来完成新版本的动态加载功能。

5.10　KieSession 和 StatelessKieSession 详解

KieSession 和 StatelessKieSession 是 Drools 中用于执行规则的核心组件，它们的主要作用是根据规则定义和规则数据，对规则进行匹配，并根据规则的执行结果进行后续的操作。它们是专门用于和规则引擎交互的 API。它们常被用来传递事实对象、执行规则、获得返回结果及操作工作内存数据等，是实践中使用最多的 API。

KieSession 是一个有状态的会话，它保存了规则的所有状态信息，包括事实对象和规则等，可以进行增、删、改和查等操作。KieSession 通常用于长时间运行的应用程序中，如服务端应用程序。

KieSession 适用的场景通常包括：需要长期存储规则状态，规则匹配涉及多个事实对象，需要在规则匹配时处理动态数据，需要执行基于时间的规则，等等。

KieSession 可以基于 KieBase 创建，也可以通过 KieContainer 创建，通过 KieContainer 创建是较方便的一种方式。KieSession 是应用程序与规则引擎交互的会话通道，而且相对于 KieBase 创建，它的创建成本非常低。这也是为什么在实践中通常会缓存 KieBase，而不必缓存 KieSession。

在前面的示例当中我们已经看到：KieSession 还可以在 kmodule.xml 的 kbase 元素（对应 KieBase）中声明；一个 KieBase 中可以声明多个 KieSession。这里列举说明 ksession 元素中配置 KieSession 的三个常见属性：

❑ name：指定 KieSession 的名称，需保持唯一性。用于从 KieContainer 获取 KieSession。
❑ type：指定会话类型。值为默认值或 stateful 时，创建的是 KieSession（有状态的会话）；当值为 stateless 时，创建的是 StatelessKieSession（无状态的会话）。
❑ default：指定 KieSession 是否此模块的默认值。如果值为 true，通过 KieContainer 创建时不需要传递 KieSession 名称。每个模块中，每种类型最多只能有一个默认的 KieSession。

KieSession 的特性是建立一次会话，可以用来完成多次与规则引擎的交互，也就是说能够维持会话的状态。前面章节的示例基本上都是基于有状态的会话来进行规则调用的，特别是规则因子的累计、规则的联动触发等效果都是基于有状态的会话来完成的。

使用 KieSession 的一般步骤为：获取 KieSession、插入（insert）事实对象、调用 fireAllRules 执行规则、调用 dispose 关闭会话。当有状态的会话不再被使用时，一定要调用 dispose 方法关闭会话，释放该会话持有的资源。

KieSession 在前面章节的示例中几乎都被使用过，这里就不再举例。下面来看看无状态的会话——StatelessKieSession。

StatelessKieSession 是一个无状态的会话，每次执行规则时，都会创建一个新的会话，不保存任何状态信息。StatelessKieSession 通常用于短时间运行的应用程序中，如移动端应用程序。StatelessKieSession 的创建是轻量级的，可以使用最新的规则，因此可以快速地响应变化。

本质上讲，StatelessKieSession 是对 KieSession 的封装，通过这层封装避免了调用 dispose 方法来关闭会话。但这也意味着 StatelessKieSession 只提供了一次与规则引擎交互的机会，并没有为下一次交互提供状态，这也是称其为无状态会话的原因。

看一下 StatelessKieSession 的 execute 方法源码，便对其实现原理一目了然。

```
public void execute(Object object) {
    StatefulKnowledgeSession ksession = newWorkingMemory();
    try {
        ksession.insert(object);
        ksession.fireAllRules();
    } finally {
        dispose(ksession);
    }
}
```

上述代码中，StatelessKieSession 的 execute 方法先初始化一个内部 KieSession，然后调用 insert 方法，再调用 fireAllRules 方法执行规则，最后调用 dispose 方法关闭会话。也就是说，两次执行 execute 方法，这两次的 KieSession 是两个完全不同的对象。

StatelessKieSession 的创建方式与 KieSession 基本一致，既可以在 kmodule.xml 中进行配置（type 为 stateless），也可以通过编程方式进行创建。

kmodule.xml 中配置示例如下：

```
<?xml version="1.0" encoding="utf-8" ?>
<kmodule xmlns="http://www.drools.org/xsd/kmodule">
    <kbase name="kbase4Session" packages="com.sebro2.session">
        <ksession name="test-stateless-session" type="stateless"/>
    </kbase>
</kmodule>
```

在代码中使用示例如下：

```
KieServices kieServices = KieServices.get();
KieContainer kieContainer = kieServices.getKieClasspathContainer();
// 通过 KieContainer 创建无状态会话
StatelessKieSession session = kieContainer.newStatelessKieSession("test-stateless-
    session");

// 构建 Fact
Order order = new Order();
order.setAmount(99.99);
order.setOrderNo("N001");
// 执行规则
session.execute(order);
```

这里需要注意的是，KieContainer 创建 KieSession 时，类型（type）要与 ksession 元素中声明的会话类型（type）保持一致，否则创建时会抛出异常（RuntimeException）。

上面展示了最简单的通过 execute 方法基于事实对象执行规则的示例。StatelessKieSession 还提供了另外两个重载的 execute 方法。

```
execute(Iterable facts)
execute(Command command)
```

其中参数类型为 Iterable 的方法，我们可以将其理解为执行时传递的是事实对象的列表，也就是多个事实对象。

参数类型为 Command 的方法，允许我们通过一个命令模式与会话进行交互。

StatelessKieSession 没有 FactHandle 的概念，无法更新和删除事实对象，也不能在规则执行期间修改事实对象的属性。但是它可以使用命令模式（Command）执行规则，命令模式允许执行多个规则。对于有多个规则需要执行的场景，StatelessKieSession 非常适合。

Drools 已 经 预 定 义 了一组命名，比 如 InsertObjectCommand、SetGlobalCommand、FireAllRulesCommand 等。关键代码实现示例如下：

```
List<Command> cmds = new ArrayList<>();
cmds.add(CommandFactory.newInsert(order, "order"));
ExecutionResults results = session.execute(CommandFactory.newBatchExecution(cmds));
// 获得返回的 Order
Order order1 = (Order) results.getValue("order");
System.out.println("Order No:" + order1.getOrderNo());
```

我们可以通过 CommandFactory 来创建不同类型的 Command。如果需要多个 Command 作为参数一起传入，则可以通过 CommandFactory 来将它们合并为一个 BatchExecutionCommand 传入 execute 方法。执行 execute 方法会获得一个 ExecutionResults 对象，它包含了所有我们想要在规则执行后收集的结果集。

上面已经提到，StatelessKieSession 是对 KieSession 的封装，并不是扩展。因此，任何无状态的会话能够完成的事，有状态的会话都能够完成。那么，什么场景下适合采用无状态会话呢？

其实无状态会话类似我们在编程语言中所说的函数的特性，也就是具有无状态、原子性，它接收预定义的参数，处理它们，并输出结果，而且每个函数的执行都是独立的。

StatelessKieSession 适合的场景包括：数据验证、运算、数据过滤、消息路由及可以描述成函数或公式的规则。因此，大家也可以把它看作一个特殊的函数或方法。

5.11 KieHelper 详解

KieHelper 是 Drools 6.0 版本中新增的一个工具类，它可以用来快速创建 KieBase 和

KieSession。KieHelper 可以将 DRL 或 DSL 规则语言编写的规则文本快速编译成 KieBase 和 KieSession。在实际应用中，开发人员可以使用 KieHelper 实时编译规则，并将其加载到 KieBase 和 KieSession 中进行处理。这样可以避免频繁的规则修改和重新编译，提高了规则引擎的灵活性和效率。

KieHelper 类不仅提供了多种创建 KieSession 的方法，而且提供了向 KieContainer 中添加资源（例如规则）的方法，支持以更细粒度的方式控制添加到 KieContainer 中的资源。整体而言，它可以让开发人员极其方便（不依赖于完整应用程序的情况下）地创建 KieSession，灵活动态地处理 KieContainer 中的资源（规则）。

查看 KieHelper 的源码会发现，它本质上基于默认的参数（配置、路径等）初始化了一些规则引擎所需的组件，也就是我们上面讲到的部分 API，然后将其封装成方法，使开发人员可以方便地使用。

KieHelper 的经典使用方式如下：

```
private KieSession createKieSessionFromDRL(String drl) {
    KieHelper kieHelper = new KieHelper();
    // 向 KieContainer 中添加资源（DRL 格式的规则）
    kieHelper.addContent(drl, ResourceType.DRL);
    // 编译验证规则
    Results results = kieHelper.verify();
    // 检查是否有 WARNING 或 ERROR 级别的信息
    if (results.hasMessages(Message.Level.WARNING, Message.Level.ERROR)) {
        // 获取 WARNING 或 ERROR 级别的信息
        List<Message> messages = results.getMessages(Message.Level.WARNING,
            Message.Level.ERROR);
        // 将编译信息打印完毕之后，抛出异常，中断后续逻辑
        for (Message message : messages) {
            System.out.println("Error Message: " + message.getText());
        }
        throw new IllegalStateException(" 规则编译错误 ");
    }
    return kieHelper.build().newKieSession();
}
```

上述示例演示了通过 KieHelper 动态向 KieContainer 中添加字符串格式的规则，编译验证规则语法是否正确的使用场景。如果存在编译错误，则打印相关信息并抛出异常，终止后续业务逻辑处理。如果验证通过，则先构建一个 KieBase，再通过 KieBase 创建一个 KieSession。

在实践中，KieHelper 为编码提供了极大的方便。但需要注意的是，KieHelper 类并不是 Drools 对外开放的标准 API，从 KieHelper 所在的包名（org.kie.internal.utils）就可以看

出，它仅仅是一个内部的工具类。这就意味着它后续版本的兼容性得不到保证，在新版本中有被修改、删除或禁用的风险（虽然并未发生）。因此，KieHelper 经常被用于单元测试或者集成测试的场景下。如果你在业务处理或基础服务中使用了 KieHelper，在升级版本时需要留意版本问题。

关于 KieHelper 还有一个小建议，如果大家感兴趣，可以读一下它的源码实现，本质上它是对核心 API 的封装和使用，有助于大家更好地理解相关 API 的使用。

5.12　规则单元 API 详解

Drools 8 规则单元涉及两个 API：RuleUnitProvider 和 RuleUnitInstance。它们都比较简单，下面将它们合并起来讲解。

RuleUnitProvider 是 Drools 8 中的一个接口，用于提供规则单元（RuleUnit）的实例。它定义了两个用于创建规则单元实例（RuleUnitInstance）的方法。

RuleUnit 是 Drools 8 中的一个概念，它是一个包含规则（Rule）和数据（Data）的单元，可以看作一组相关规则和数据的集合。RuleUnit 通过封装数据和规则来提供更高级别的业务语言，使开发者能够更加容易地定义和组织业务规则。

RuleUnitProvider 实例对象可以通过其自身的单例方法获取，这一点与 KieServices 类似，相关代码如下：

```
RuleUnitProvider ruleUnitProvider = RuleUnitProvider.get();
```

如果查看源码，会发现 RuleUnitProvider 与 KieServices 都实现了 KieService 接口，只不过它们各自定义了一套方法来实现。这也印证了本质上规则单元语法就是基于 Drools 核心 API 的扩展。

在 RuleUnitProvider 中，除了获取自身实例对象和创建规则配置之外，还有创建 RuleUnitInstance 对象的方法。可通过指定 RuleUnitData 来创建 RuleUnitInstance，也可以通过 RuleUnitData 和 RuleConfig 来创建 RuleUnitInstance。

对应的方法定义如下：

```
default <T extends RuleUnitData> RuleUnitInstance<T> createRuleUnitInstance(T
    ruleUnitData) {
    // …
}
```

```
default <T extends RuleUnitData> RuleUnitInstance<T> createRuleUnitInstance(T
    ruleUnitData, RuleConfig ruleConfig) {
    // …
}
```

关于 RuleUnitProvider 的基本使用非常简单，前面的示例几乎都有涉及，大家了解其作用即可。

另外，RuleUnitInstance 是 Drools 8 中的一个接口，用于执行规则单元中的规则，它的功能与 KieSession 非常相似。RuleUnitInstance 是对规则单元实例的封装，可以通过它来操纵规则单元中的规则和数据。可以通过 RuleUnitInstance 实现规则单元和业务代码的解耦，使规则单元和业务代码分离，方便维护和扩展。

RuleUnitInstance 提供了一组方法，用于处理规则单元对象、规则单元数据、执行规则、执行查询、获取 SessionClock（会话时钟）、关闭资源等操作。

RuleUnitInstance 提供的功能也比较简单易懂，在前面的示例中我们已经实践过，因此这里就不再过多讲解。

高级篇

■ 第 6 章　Drools 决策管理系统架构
■ 第 7 章　Drools 与 Spring Boot 集成实战
■ 第 8 章　Drools 基于 Kogito 云原生实战
■ 第 9 章　转转图书的 Drools 实战
■ 第 10 章　自建 Drools BRMS 实战

Chapter 6 第 6 章

Drools 决策管理系统架构

前面章节中讲述了 Drools 规则引擎的基本原理、项目搭建、核心 API 等，通过这些基础知识的学习，大家已经能够在一个基础项目中使用 Drools 规则引擎了。但如果想使规则的发布更加灵活、规则与业务更加解耦、支撑更多功能，同时又能够更加系统化地管理决策资源，那么就需要了解 Drools 决策管理系统的一些基础知识和架构。这就涉及一套完整的系统解决方案——BRMS。

本章就基于 BRMS 的构建、部署、发布等环节，来讲解 BRMS 相关的基础概念、组件、流程等，同时也会带领大家从架构层面了解 Drools 规则引擎如何与第三方组件、业务系统进行整合，从而使大家根据具体的业务场景，构建属于自己的决策管理系统。

另外，虽然 Drools 8 已经不再支持 KIE Server 和 Business Central，但这两个 BRMS 的设计理念、相关概念、使用方式都非常值得我们参考和借鉴。因此，本章中依旧会引入一些与它们相关的概念、组件、架构等。

6.1 什么是决策管理系统架构

在 Drools 规则引擎中有一个概念叫"决策资产"，其中"决策"可以对照规则中的业务逻辑判断，"资产"就是承载这些业务逻辑的规则文件和资源。通常我们也会将其统一称为规则。

Drools 支持多种形式的决策资产：DMN（决策模型和符号）、决策表、引导电子表格决策表、引导规则（Drools 7 的图形化界面创建）、DRL 规则、PMML（预测模型标记语言）等。

各种形式的决策资产都有各自的优缺点，大家可以根据不同的业务场景进行选择。前面示例中用到的 DRL 规则文件，便是最常用的决策资产。另外，Excel 形式的决策表也可以用类似 DRL 规则的形式使用，只不过采用了 Excel 电子表格的形式来表达规则语法。

Drools 7 的 BRMS 中对上述决策资产提供了完整的支持，但大多数功能对于运营人员来说使用比较复杂，也不太符合国人的操作习惯，因此很少在实践中运用；但对于技术研究、自主开发的编程人员来说，它们还是具有很高的参考价值的。因为，自主研发与使用 Drools 的 BRMS 之间最大的区别只是展现与交互形式的不同，底层实现原理基本相同，都是基于 Drools 核心 API 来实现的。

有了决策资产，就需要对这些资产进行管理。前面示例中，我们直接将规则文件放置在业务系统代码中，这样虽然能够正常使用，但灵活度太低，每次改规则，都会带来业务系统重新发布。因此，这就需要将规则引擎（包含决策资产）与业务系统进行分离，由独立的系统来统一处理。

对分离出来的决策资产进行创建、修改、发布，以及对决策资产构建出来的制品（Artifact）进行管理，就是决策资产管理。决策资产管理由一套 BRMS 来完成，在 Drools 7 中对应的 BRMS 便是由 Business Central 和 KIE Server 组成的，在 Drools 8 中是基于 Kogito 的云原生及 Kogito Tooling 等工具组件实现的。于是，业务系统、BRMS 以及其他辅助软件便构成了整个决策管理系统。

针对不同的（开发与生产）环境、不同的组件和不同的技术栈，决策管理系统架构有所不同。同时，不同的选型也会带来相应的优缺点。本章便从架构层面来讨论和分析这些问题。

6.2　Drools 的决策资产分类

在开始讲解决策管理系统架构之前，我们先来了解一下 Drools 支持的资产类型。Drools 支持多种形式的决策资产，比如 DMN、引导决策表、电子表格决策表、引导规则（Drools 7 中图形化界面创建）、DRL 规则、PMML 等。

上述决策资产在 Drools 7 的 Business Central 中都得到很好的支持。当然，像 DMN、DRL 规则、电子表格决策表等，也可以通过 IDE 插件（或支持的编辑器）来完成编写，并直接运用在项目当中（KJAR）。在 Drools 8 中没有了 Business Central 的支持，但在 kie-tools 开源项目中提供了更多工具化和插件化的支持。

不同的决策资产有不同的优势，适合不同的使用场景，在实践时，根据业务所需，大家可选择使用其中的一种或多种来满足业务需求。

要设计 Drools 决策管理系统架构，你必须要先了解自己的业务场景适合使用哪种决策资产，决策资产类型不同，其系统架构的设计也会有很大区别。下面就简单介绍一下 Drools 支持的主流决策资产以及它们的特性。

6.2.1 DMN

DMN（Decision Model and Notation，决策模型和符号）是由 OMG（Object Management Group，对象管理组织）管理的一个标准，用于精确规范业务决策和业务规则的建模语言和符号。DMN 规范主要是为了解决 BPMN（业务流程建模标注）与 PMML 之间的空白，为分析人员提供一种工具，用于将业务决策逻辑与业务流程分离，从而降低业务流程模型的复杂度，提升可读性。

DMN 的特性如下：

- ❑ 由 OMG 制定的基于标记的决策模型。
- ❑ 对于决策需求建模，定义了决策需求图形（DRG）及相应符号概念——决策需求图（DRD），用于跟踪业务决策流。
- ❑ 基于 XML 实现，可在兼容 DMN 模型的平台之间共享。
- ❑ 支持 FEEL（Friendly Enough Expression Language，一种 DMN 规范定义的表达式语言），可在 DMN 决策表中定义决策逻辑；提供了逻辑决策标志（"box 表达式"）允许将决策逻辑层通过图形绘制并关联决策需求图的元素。
- ❑ 适用于创建全面的、说明性的和稳定的决策流。

Drool 7 开始对 DMN 提供支持，DMN 是 Drools 中的主要成员，可以包含在 KJAR 中。DMN 经常与 Activiti、BPMN 结合使用。

DMN 常用于人工决策建模、自动化决策需求建模、实现自动化决策以及组合应用建模等场景。

6.2.2 引导决策表

引导决策表，是由 Drools 7 的 Business Central 提供的决策资产创建功能，可基于 UI（用户界面）进行电子表格的创建及编辑，比如对规则的属性、元数据、条件（Condition）、动作（Action）等进行配置，它是电子表格决策表的一种替代形式。在创建了引导决策表之后，定义的规则会与其他规则资产一样被编译为 DRL 规则。在自定义 BRMS 时，可提供符合用户操作习惯的引导决策表。

Drools 7 的引导决策表的特性如下：

❑ 可以在 Business Central 中基于 UI 进行规则电子表格的设计。
❑ 它是电子表格决策表的一种替代形式。
❑ 提供了可输入的字段和选项。
❑ 支持创建规则模板的模板键和值。
❑ 支持命中策略、实时验证和其他资产中不支持的其他附加特性。
❑ 适合基于表格创建规则，最小化编译错误。

引导决策表的官方示例如图 6-1 所示。Business Central 支持操作人员通过 UI 来操作电子表格。在设计自定义规则管理发布平台时，如果想让运营人员拥有比较友好的操作体验，肯定离不开 UI 的支持。如果操作人员能够熟练使用引导决策表，那么，它是电子表格决策表的不错替代品。目前引导决策表的不足可能就是仅限于 Business Central 提供的表格交互模式了，对于根据业务自定义有较高的要求。

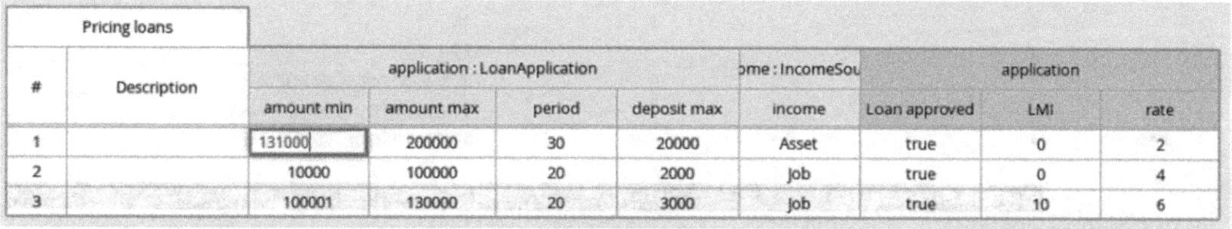

#	Description	application : LoanApplication				...ome : IncomeSou...	application		
		amount min	amount max	period	deposit max	income	Loan approved	LMI	rate
1		131000	200000	30	20000	Asset	true	0	2
2		10000	100000	20	2000	Job	true	0	4
3		100001	130000	20	3000	Job	true	10	6

（表格标题：Pricing loans）

图 6-1 引导决策表的官方示例

6.2.3 电子表格决策表

电子表格决策表包含通过指定语法来定义业务规则的电子表格，它实现了一种"精确且紧凑"表达条件逻辑的方式，非常适合商业级别的规则。

根据 Drools 定义的规则及语法，在电子表格中进行条件及执行逻辑的编写，Drools 可将其无缝转换为 DRL 文件。比如，决策表中的每一行都是一个规则，每一列都是一个条件、一个动作或一个规则属性。

前面提到的引导决策表是基于 UI 页面来编辑电子表格的，而电子表格决策表则完全可以通过第三方电子表格来实现，比如可以支持 XLS 或 XLSX 格式的电子表格。电子表格决策表可以直接包含在项目中进行使用，也可以通过 UI 上传到项目当中。

电子表格决策表的特性如下：

❑ 是基于 XLS 或 XLSX 格式电子表格的决策表，可以通过电子表格编辑器进行编写，可以通过 UI 上传到项目当中。
❑ 支持创建规则模板的模板键和值。
❑ 适用于在 UI 之外管理和创建决策表。
❑ 对语法规则有严格的要求。

电子表格决策表的官方示例如图 6-2 所示。

	A	B	C	D	E	F
1		RuleSet	Charge Calculator			
2		Import	guvnor.feature.dtables.Order, guvnor.feature.dtables.Charge			
3		Variables	Integer totalCount			
4		Sequential	TRUE			
5		SequentialMaxPriority	10			
6						
7		RuleTable Basic				
8	DESCRIPTION	CONDITION	CONDITION	CONDITION	ACTION	
9		$order : Order				
10		itemsCount > $1	itemsCount <= $1	deliverInDays == $1	insert(new Charge($1));	
11		Min items	Max items	Delivered in days	Pay charge in US dollars	
12	expensive	0	3	1	35	
13		0	3	2	15	
14		0	3		10	
15		4		1	$order.getItemsCount() * 7.5	
16		4		2	$order.getItemsCount() * 3.5	
17	cheap	4			$order.getItemsCount() * 2.5	
18						
19		RuleTable Expensive				
20	DESCRIPTION	CONDITION	CONDITION	CONDITION	CONDITION	ACTION
21		$order : Order				
22		itemsCount > $1	itemsCount <= $1	deliverInDays == $1	totalPrice > $1	insert(new Charge($1));
23		Min items	Max items	Delivered in days	More expensive than	Pay charge in US dollars
24	expensive	0	3	1	300	25
25		0	3	2	300	10
26		0	3		300	$order.getItemsCount() * 1.5
27		4		1	300	$order.getItemsCount() * 5
28		4		2	300	$order.getItemsCount() * 2
29	cheap	4			300	0
30						

图 6-2　电子表格决策表的官方示例

电子表格决策表的优势是在 BRMS 之外依旧可以进行决策表的创建和编辑，在完成创建之后上传或转换为 DRL 文件即可。它属于日常使用中比较常见的方式之一，可以利用电子表格的隐藏和锁定等特性来达到更好的使用效果。当然，这也需要使用人员对电子表格的操作有一定的基础。

6.2.4　引导规则

引导规则是 Drools 7 的 Business Central 提供的一种基于 UI 创建单个规则的形式，使用人员可以根据 UI 的引导，一步步创建规则，界面的选项约束可以最大限度地减少编译错误。创建完成的规则也会像其他形式的规则一样被编译为 DRL 文件。

引导规则的特性如下：

- ❑ 基于 UI 进行单条规则创建。
- ❑ 提供了字段和内容输入的选项。
- ❑ 适合在有约束的情况下创建单条规则。

引导规则的官方示例如图 6-3 所示。

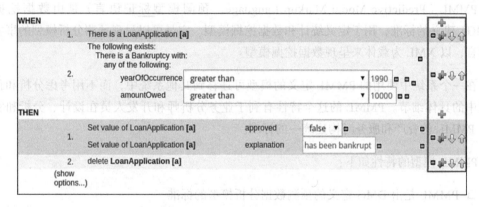

图 6-3　引导规则的官方示例

引导规则是我们在自主研发规则管理平台时所参考的最主要的交互形式之一。如果我们要自主研发规则管理平台，可以根据具体的业务场景和操作习惯，进一步改进和定制 UI 页面。从本质上来说，引导规则的整体设计与自主研发最大的特别之处就是 UI 页面了，通过 UI 页面操作底层的规则存储、编译，均可参考 Business Central 中的设计理念。

6.2.5　DRL 规则

DRL（Drools Rule Language，Drools 规则语言）是以 .drl 为扩展名的文本文件载体，可以基于 UI 页面、文本编辑器、IDE 等进行业务规则的定义和编写。上面讲到的大多数形式的规则资产，最终都会被编译成 DRL 规则资产，或者可以说，其他形式的规则资产是为了方便操作者而以不同形式呈现 DRL 规则。

DRL 规则的特性如下：

❑ 可直接在 .drl 文件中进行规则定义。

❑ 为规则的定义提供了最大的灵活性和最多的技术细节实现。

❑ 可以在独立环境中创建，并与 Drools 集成。

❑ 适用于构建高级规则。

❑ 对规则语法有严格的要求。

DRL 规则是规则引擎的重中之重，整个 Drools 规则引擎的底层几乎都围绕 DRL 规则展开，是学习 Drools 规则引擎的必备知识。DRL 的语法定义、内部结构以及如何集成等知识点，在前面章节中已经有大量篇幅介绍，这里就不再赘述。

6.2.6　PMML 模型

PMML（Predictive Model Markup Language，预测模型标记语言）是由数据挖掘组（DMG）建立的标准，用于定义统计和数据挖掘模型。它是可以呈现预测分析模型的事实标准语言，以 XML 为载体来呈现数据挖掘模型。

在一个系统中使用的 PMML 定义的模型可迁移到其他系统中，而不用考虑分析和预测过程中的具体细节。PMML 的这个特性有利于业务分析师和开发人员在设计、分析和实施基于 PMML 的资产和服务时构建统一的标准。

PMML 模型的特性如下：

❑ PMML 是由 DMG 定义的预测数据分析模型的标准。

❑ 基于 XML 呈现，格式具有通用性，可在 PMML 兼容平台之间共享。

❑ Drools 支持 PMML 的回归（Regression）、记分卡（Scorecard）、树（Tree）、挖掘（Mining）等模型类型。

❑ PMML 模型可以包含在独立的 Drools 项目中。

❑ 适用于将预测数据整合到 Drools 决策服务中的场景。

在介绍 DMN 时也曾提到过 PMML，对 PMML 模型的支持从 Drools 7.24 开始，我们可通过 DMN 来引入 PMML 模型。Drools 本身并没有内置 PMML 模型的编辑器，但可以通过 XML 工具来创建和定义 PMML 模型。

由于 PMML 与机器学习相关，我们只需了解 Drools 对其支持即可，更多关于 PMML 标准的定义，可参考 DMG 的官方资料。

关于 Drools 决策资产，我们了解上述这几种就差不多了。需要注意的是：在上述决策资产中，除了 DMN 和 PMML 之外，其他决策资产最终都会被转换为 DRL 规则。这些决策资产的承载方式，要么是通过 KJAR 实现的，要么是通过 Business Central（或自主研发）提供的 UI 操作的。由此可见，万变不离其宗，我们只要把握好这些决策资产的这个"宗"（DRL 规则）和它的承载形式，基本上便掌握了 Drools 规则引擎运用的核心要义了。

另外，在实践中经常使用的决策资产通常为 DRL 规则、引导规则（自研或基于 Drools 提供的）、电子表格决策表及其衍生形式，其他决策资产根据业务需要来选用。

6.3　Drools 的不同部署环境

任何软件的开发基本上都需要开发环境和运行时环境。Drools 在不同环境中的部署还是有所区别的。在开发环境中，Drools 环境的部署基本上都是比较随意的，而在运行时环境中，就面临相对严格的要求了。

先以 Drools 7 的 Business Central 和 KIE Server 为示例，通过 Business Central 来配置生成决策和制品（Artifact，比如数据模型、图标、用例、脚本等），然后通过 KIE Server 对制品进行执行和测试。

在运行时环境中，通常会部署一个或多个 KIE Server，而是否部署 Business Central 可视情况而定，可部署也可不部署。Business Central 主要用来管理和维护规则，生产制品，并把制品发布到 KIE Server 中。如果想自动管理 KIE Server，也可以通过其提供的 API 接口进行操作。

之所以可以不部署 Business Central，是因为有以下替代方案：

❏ 使用测试环境的 Business Central。这是因为 Business Central 本身就具有环境的隔离性，兼具测试发布和生产发布环境。
❏ 通过包含 kmodule.xml 和规则文件的普通 Java 项目（产出物为 KJAR 项目）来构建决策。
❏ 通过数据库存储规则文件等文本。
❏ 自主开发类似 Business Central 功能的管理后台。

无论是在开发环境中还是在运行时环境中，大家都可以考虑集群部署，从而确保高可用和负载均衡，这也是 Drools 8 迈向 Kogito 云原生要实现的核心目标之一。

Drools 8 没有 Business Central 的功能，其运行时环境该怎么办呢？Drools 8 规则的编写只能通过上面提到的 Business Central 的替代方案，比如 KJAR 项目、数据库存储、自定义 UI、外部工具等。这样做在开发环境中没有太大影响，但在运行时环境中这样做时，一定要考虑测试发布和正式生产发布的隔离。这里可参考 Business Central 的实现方案，也可通过常规的系统架构和发布方案来实现，比如蓝绿发布、灰度发布、规则版本管理等方案。

6.4　Drools 项目存储和构建方案

上一小节介绍了 Drools 决策资产的构建形式，而在 Drools 项目中需要通过版本控制工具来管理这些决策资产，构建项目并进行测试和部署。

Drools 7 中的 Business Central 本身已经兼具了上述功能，同时为了更具灵活性和兼容性，Business Central 也支持将外部的版本管理工具、存储仓库和项目管理工具组合起来以实现 Drools 项目资产的管理和构建。

项目的管理和构建通常是基于 Maven 实现的，项目的版本管理则是基于 Git 实现的。Business Central 内置了 Maven 仓库，也内置了 Git 的虚拟文件系统（VFS），同时还支持集成两者的外置形式。当然，前文讲核心 API 时，我们已经知道，也可以通过 API 来直接读取 Git 资源库中的 KJAR。

项目资产的构建与存储通常有以下 4 种方式。

方式一：Drools 支持基于 Maven 来进行项目的管理和构建，还支持基于 Java 或自定义工具进行项目的构建。前文所有的示例项目都是基于 Maven 进行管理的。以 KJAR 形式为例，在 Drools 项目中，通常资产通过 Maven 来管理 KJAR 项目，包括：项目构建打包，KJAR 文件上传到 Maven 仓库，由 Drools API 从 Maven 仓库获取 KJAR 指定版本，由 Drools 对 KJAR 进行加载和使用。

独立的 Maven 项目，可通过编辑 pom.xml 文件来配置要打包的 KJAR 文件。当然，前面已经多次提到，KJAR 文件中需要包含 kmodule.xml 文件。

方式二：Drools 7 的 Business Central 中内置了 Maven 仓库，Business Central 会自动对其中的 Drools 项目进行构建，然后存储在内部或外部的 Maven 仓库中。如果基于 Business Central 来管理项目资产，官方建议配合外部的 Maven 仓库来使用。比如，项目中已经使用了 Nexus 或其他 Maven 仓库管理器，此时可创建一个 setting.xml 文件来配置仓库连接信息，然后在 Business Central 项目中通过 standalone-full.xml 中的 kie.maven.settings.custom 属性来指定 setting.xml 文件的路径。

方式三：Drools 支持通过嵌入 Java 应用的方式来构建 KJAR，可通过创建一个 KieModuleModel 实例，以编程的方式创建 kmodule.xml，并配置 KieBase 和 KieSession。

然后，将项目中所有资源添加到 KIE 虚拟文件系统中，通过 KieFileSystem 来构建项目。基于 Spring 或 Spring Boot 集成时，可考虑用此种方式来实现。

方式四：通过持续集成 / 持续交付（CI/CD）构建 KJAR，在使用 CI/CD 工具时，可通过在集成工具中配置 Drools 的 Git 存储库来构建指定的项目。在项目版本控制方面，Business Central 内置了一个 Git 的虚拟文件系统，用来存储过程、规则和其他制品。如果 Drools 项目已经使用了外部的 Git 存储库，可以将它们导入 Drools 空间并使用 Git "钩子"（Hooks）同步内部和外部 Git 存储库。如果未使用 Business Central，则可通过 Drools 提供的资产加载 API 和 Maven 版本来实现项目的版本控制。

完成了决策资产的构建和存储后，接下来就要部署这些决策资产了。

6.5　Drools 项目部署方案

根据决策资产的不同创建方式，可以选择不同的部署环境和方式。Drools 支持将决策资产部署到 KIE Server（Drools 7）、内置 Java 应用、增强的 Red Hat 容器和 Kogito 云原生中。主流的部署方式包括 KIE Server（Drools 7）部署、内置 Java 应用部署（包含 Kogito 云原生部署）。

1. KIE Server 部署

KIE Server 是 Drools 7 提供的一个模块化、独立部署的服务组件，可用于部署 Drools 7 的 KJAR 项目，并实例化和执行其中的规则和流程。KIE Server 提供了 REST、JMS 和 Java 客户端接口 3 种形式来对外提供服务和维护决策资产。

如果决策资产是基于 Business Central 构建的，那么可以将其与 KIE Server 无缝集成：在 Business Central 中配置 KIE Server 的连接信息，便可将决策资产发布到 KIE Server 当中。再配合 Business Central 提供的决策资产版本管理和发布环境（测试环境和生产环境）隔离的功能，可以很方便地在不同环境下发布不同版本的决策资产。

如果决策资产是基于其他方式（Maven 项目或其他自定义环境）构建的，那么可以使用 KIE Server 的 REST API 或 Java 客户端接口来进行部署和维护。

2. 内置 Java 应用部署

如果决策资产需要部署到自有的 JVM 环境、微服务、云原生或应用服务中，可以将决策资产作为依赖 JAR 包绑定到 WAR 文件进行部署。采用这种方式时，还需要视自身情况来考虑如何创建、构建、存储和管理资产。

通常可以基于 Drools 提供的 KIE API（KieScanner）来定时扫描决策资产并更新 KIE 容器来实现动态更新部署，当然，也可以通过 JVM 动态加载 JAR 包的形式或通过从数据库读取规则重新刷新 KIE 容器的形式来实现。这几种形式不仅提供了动态部署的特性，而且给我们自主研发规则管理平台提供了多种选择。

在 Drools 项目部署部分，如果采用 KIE Server 会显得重量级更高一些，缺少定制化空间，同时要限制 Drools 的版本为 6 或 7，但好处是有很多可以直接拿来使用的功能。如果采用 KIE API 的形式，则可以更加灵活地进行控制和定制化，缺点就是有大量功能都需要我们自己去实现。

6.6 Drools 决策资产的执行

当完成决策资产的构建和部署之后就要执行了。决策资产的执行可分为两种形式：基于 Java 应用的执行和基于 KIE Server 的执行。

在前文我们已经介绍过规则的执行——在 IDE 中执行。这种方法主要用于开发、学习、测试等非正式环境。它属于在 Java 应用中执行的场景之一。而在生产环境中，决策资产则可以在 JVM 环境、微服务或应用程序内执行。在这些环境内的执行通常是通过 Drools 提供的 KIE 核心 API 来与 Drools 交互的。

在 Drools 7 中，另外一种方法就是在 KIE Server 中执行，在决策资产部署到 KIE Server 中之后，可通过 KIE Server 提供的 REST API 或 Java 客户端接口等交互。从本质上来讲，KIE Server 也是先对 KIE 核心 API 进行封装，然后呈现出更加友好的交互方式。在 Drools 8 中决策资产被部署到 Kogito 云原生中，然后通过 REST API 对外提供服务。

无论通过何种形式执行，都不要忘了，执行这一步的发起方是业务系统，在业务系统中还可以进一步封装一些通用接口和方法。

至此，关于 Drools 决策资产的类型、构建、存储、版本控制、部署、执行等基础知识就介绍完了，更多使用细节在后文会有选择地进行介绍。下面就可以基于上述资产类型来规划系统设计和架构了。

6.7 Drools 决策管理架构方案

基于本章前面几小节介绍的理论知识，可以在构建决策管理框架时进行各类组合和演变。根据不同的业务场景和特定的需求，通常可以通过组合搭配，发挥不同工具和方法的优势，从而达到最优的效果。本小节会重点介绍几种常见的架构方案。

6.7.1　方案一：Drools 7 官方推荐组合

Drools 7 官方推荐组合是 WildFly Web 容器、Business Central 资产管理系统、KIE Server 规则运行系统。本方案完全采用 Drools 7 官方提供的组件及功能来进行部署和使用，这既是最方便快捷、最直接的一种使用方式，也是重量级较高的方案。

部署环境：WildFly。WildFly 的前身便是 JBoss，它是一套开源的企业级应用程序服务器，特点是功能强大、模块化、轻量级。

在 Drools 6.3 Final 版本中 Business Central（当时还叫 Workbench）就支持多款应用程序服务器，比如 eap6_4、tomcat7、was8、weblogic12、WildFly8。但随着版本不断更新，社区考虑到维护成本及维护者等因素，逐渐减少对应用程序服务器的支持，到目前的 7.x.Final 版本，减少到仅支持 WildFly 这一款应用程序服务器。如果你对部署环境有一定要求，比如必须使用 Tomcat，可适当考虑降低 Drools 的版本。

对于不熟悉 WildFly 的开发人员来说，首次部署以及调优还是有一定挑战的。如果你想体验一下 WildFly，可使用 Drools 官方提供的 Business Central 和 KIE Server 的镜像，从而直接基于 Docker 来运行 WildFly。

项目存储与构建：Business Central 基于 Git Hook 与外部 Git 仓库进行资产同步，KIE Server 基于外部 Maven 仓库进行项目管理和构建。

资产管理工具：Business Central。

资产类型：可使用 Business Central 支持的所有资产类型。

项目部署执行环境：KIE Server。KIE Server 与 Business Central 一样，需要部署到 WildFly 中。

该方案从整体上看，就是基于 WildFly 部署 Drools 提供的 Business Central 和 KIE Server，以管理和运行决策资产，其中关于资产的版本管理采用外部 Git，项目管理构建采用外部的 Maven。资产类型则完全取决于 Business Central 的支持。

方案一的决策管理架构图如图 6-4 所示。

该方案的优势如下：

❑ Drools 官方提供了完整的功能，无须自主开发，部署实施比较方便，性能稳定。

❑ 通过 Business Central 便可管理存储库、资产、资产设计、项目构建、部署等。

❑ 基于 DMN 实现最佳集成和稳定性的标准化资产制作方法。

❑ 基于 Business Central 可部署资产至 KIE Server，基于 KIE Server API 可进行规则的
执行。

图 6-4　方案一的决策管理架构

当然，该方案的不足也很明显：

❑ 重量级高，比如 Business Central 引入了大量非必要的功能。

❑ 应用程序服务器受限，高版本只能基于 WildFly 使用。

❑ Business Central 操作风格不符合国人习惯。

在此方案中，还可以将 Business Central 实现的资产管理工具替换为其他方式，从而减
少一个重量级系统的引入。此时，根据资产的不同可选择不同的工具，比如 IDE（IDEA、
Eclipse 等）、电子表格编辑器、DMN 构建工具等。

以方案一为基础，对其中部分组件进行了替换，形成了变形后的决策管理架构（见
图 6-5）。这两种方案都需要基于 Drools 6 或 7 来实现，本质上它们都需要依赖 Drools 提供
的 BRMS 组件。此类方案的部署和实践的相关知识，参见附录 B。

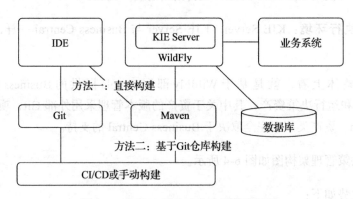

图 6-5　方案一变形后的决策管理架构

6.7.2　方案二：IDE 和内置 Java 应用组合

该方案完全脱离了 Drools 提供的 Business Central 和 KIE Server 服务，适用于 Drools 6、7 或 8 版本。决策资产的管理、维护、部署、调用等全部由开发人员来实现。实现的方式是对 Drools 提供的相关 API 进行组合，也可以按需选择应用程序服务器，这就可以发挥最大的自由度和采用更加符合业务场景的定制化方案。

部署环境：Java 应用程序，Drools 项目 JAR 包依赖。

项目存储与构建：基于外部 Git 仓库进行版本控制，基于 Maven 仓库来管理和构建项目资产。

资产管理工具：根据资产不同，可选择不同的 IDE，比如 IDE（IDEA、Eclipse 等）、电子表格编辑器、DMN 构建工具等。

资产类型：DRL 规则、电子表格决策表、决策模型和 DMN 模型等。

项目部署执行环境：Java 应用程序，可内置于项目中，可基于微服务、自定义的应用程序等执行。

该方案从整体上看，就是完全基于 Drools 提供的资产管理 API，以最大的灵活度来管理、构建、部署、定制化处理决策资产及相关规则。

方案二的决策管理架构如图 6-6 所示。

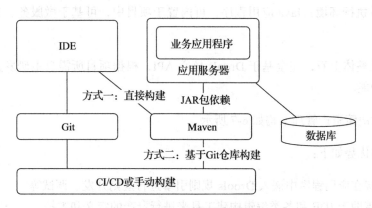

图 6-6　方案二的决策管理架构

该方案的优势如下：

❑ 可直接在应用程序中嵌入 Drools 规则引擎进行开发、调试等。
❑ 可以借助于 IDE 和各类编辑构建工具来进行资产的定义和维护。

❑ 可使用 Drools 的核心 API 来实现定制化功能及与资产的交互模式。

该方案的缺点如下：

❑ 需要开发人员熟练使用 Drools 核心 API 及其机制。
❑ 需要与业务系统进行集成、架构抽离等，有一定开发量。

6.7.3 方案三：自主研发决策资产管理平台

除了方案二中直接使用基于 JAR 包依赖的形式进行加载外，还可以基于数据库或其他形式来存储规则，并基于运行时动态进行加载。同时，我们可以自主研发类似于 Business Central 的决策资产管理平台，提供 UI 操作界面。进一步，还可以提供类似于 KIE Server 的服务，专门用于执行资产决策。

部署环境：根据项目所需选择应用服务器。

项目存储与构建：基于数据库，自主实现版本管理；基于自定义可视化页面，管理构建规则。

资产管理工具：根据资产不同，可选择不同的 IDE（编写）、电子表格编辑器、自主实现的可视化界面等。

资产类型：DRL 规则、电子表格决策表等。

项目部署执行环境：Java 应用程序，可内置于项目中，可基于微服务、自定义的应用程序等执行。

该方案从整体上看，完全基于 Drools 核心 API，根据项目所需自主研发并提供决策资产管理相关功能。

方案三的决策资产管理架构如 6-7 所示。

该方案的优势如下：

❑ 可直接在应用程序中嵌入 Drools 规则引擎进行规则开发、调试等。
❑ 可以借助于 IDE 和各类编辑构建工具来进行资产的定义和维护。
❑ 具有最大的定制化优势，可根据业务与使用者进行定制化开发。

该方案的缺点如下：

❑ 开发量明显增加。

❑ 对开发人员的技术要求明显提高。

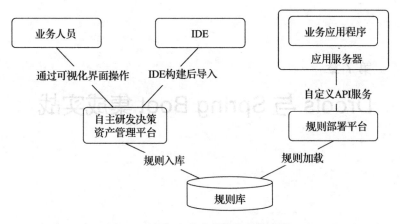

图 6-7　方案三的决策资产管理架构

Drools 8 中官方推荐的基于 Kogito 的部署方案，可替代 Drools 7 中的 KIE Server 和 Business Central 的功能，也属于方案三的范畴。但从需要使用官方所推荐组件的视角来看，它又与方案一极其类似。我们要知道，使用什么组件不重要，这些方案归于哪一类也不重要，重要的是能够根据自身项目情况选择最佳实现方式。上述三种方案只是我个人推荐的常规方案，并非大家必须使用的方案。具体实施时，大家还需要根据所选的 Drools 版本、项目情况、技术栈、运维环境、开发人员技能、运营人员要求等综合选择具体方案。

Chapter 7 第 7 章

Drools 与 Spring Boot 集成实战

除了基于 BRMS 组件来完成规则引擎的集成外，还有一种最基本的使用方式：基于核心 API 直接将规则引擎融合到业务系统当中。这种使用方式省去了 BRMS，直接由编程人员来完成规则的制定和编写，做到了业务和规则的分离，然后通过发布版本来完成规则的升级。

很显然，上述方式只做到了在同一个项目当中，将可变业务逻辑交由规则引擎来实现，并未实现非编程人员的运营功能。但这种方式也正是一个系统改造演化的起点，对于一些简单的项目而言，的确可以如此实现，因为没必要花费大量时间和资源去搭建完整的 BRMS。如果真的需要灵活的规则配置和管理，那么就需要基于此方式进行项目的演化和迭代，最终得到一个与业务实现最佳匹配的 BRMS。

鉴于上述原因，在实践中，有很多系统使用 Drools 的第一步便是在原有的业务系统中引入纯粹的 Drools 规则引擎，当然有的系统最终也止步于此，有的系统则会演化出 BRMS 的雏形版，比如将规则存储到数据库、KJAR 当中，再进一步演化出图形化操作界面。

至于具体某企业的系统会选择演化到哪一步，需要综合考虑该企业具体的人力、业务、资源、商业成本等因素。无论如何，业务系统与 Drools 集成的第一步都是必然要迈出的。本章就来讲解如何基于目前流行的 Spring Boot 框架来集成 Drools。

7.1 与 Spring Boot 集成实战案例

本小节为大家介绍一个最基础的实战案例，重点在于讲解如何将 Drools 与 Spring Boot

相集成，实现规则引擎与业务逻辑的分离。后文要介绍的案例会基于此版本逐步改造升级，最终达到预期的目标。

为了同时讲解 Drools 8 的传统语法风格和规则单元语法风格的实战案例，避免大量重复，本章的实战案例以集成 Drools 8 的传统语法风格为基础。至于 Drools 8 的规则单元语法风格，我会在 Kogito 相关章节进行讲解。

7.1.1　实战案例分析

本小节重点演示 Drools 与 Spring Boot 的集成。与前文示例相比，本小节介绍的案例的不同之处在于如何将 Drools 的核心 API 通过 Spring Boot 来实例化和管理。本小节的实战案例还会对 Drools 的一些操作进行简单的封装。大家可根据业务和系统架构的需要，进一步封装、抽象化和优化。

案例的基本要求：根据客户购买物品的订单（GoodsOrder）金额，触发不同的折扣规则，计算出实际应支付的金额。

为了重点突出使用规则引擎的思路和一些语法点，本小节对业务场景和规则部分均进行了简化处理，实战中对此大家可以逐步丰富完善。下面我们就来看一下具体的集成代码。

7.1.2　项目创建

创建 Spring Boot 基础项目的方法如下：

❑ 可通过 IDEA 中的 Spring Initializr 来创建。

❑ 通过 Spring 官网（https://start.spring.io/）的 Spring Initializr 进行创建。

❑ 直接创建一个 Maven 项目，添加 Spring Boot 的依赖进行创建。

上述 3 种方法，大家可以根据个人习惯进行选择，这里不再赘述。

创建一个 Spring Boot 项目或创建完成一个简单 Maven 项目之后，pom.xml 工程文件配置信息如下：

```
<?xml version="1.0" encoding="UTF-8"?>
<project xmlns="http://maven.apache.org/POM/4.0.0"
        xmlns:xsi="http://www.w3.org/2001/XMLSchema-instance"
        xsi:schemaLocation="http://maven.apache.org/POM/4.0.0 http://maven.apache.
            org/xsd/maven-4.0.0.xsd">
    <modelVersion>4.0.0</modelVersion>
```

```
    <parent>
        <groupId>org.springframework.boot</groupId>
        <artifactId>spring-boot-starter-parent</artifactId>
        <version>2.6.2</version>
        <relativePath/>
    </parent>

    <groupId>com.secbro2</groupId>
    <artifactId>chapter7-drools8-spring-boot</artifactId>
    <version>1.0</version>
    <packaging>jar</packaging>
    <name>chapter7-drools8-spring-boot</name>

    <properties>
        <java.version>11</java.version>
        <maven.compiler.source>11</maven.compiler.source>
        <maven.compiler.target>11</maven.compiler.target>
        <drools.version>8.33.0.Final</drools.version>
    </properties>

    <dependencies>
        <dependency>
            <groupId>org.springframework.boot</groupId>
            <artifactId>spring-boot-starter-web</artifactId>
        </dependency>
    </dependencies>
    <build>
        <plugins>
            <plugin>
                <groupId>org.springframework.boot</groupId>
                <artifactId>spring-boot-maven-plugin</artifactId>
            </plugin>
        </plugins>
    </build>
</project>
```

上述 pom.xml 文件中配置了一个简单的 Spring Boot Maven 项目的依赖文件。其中使用了 Spring Boot 的 Web 功能，对应依赖为 spring-boot-starter-web。Spring Boot 版本为 2.6.2，Java 的版本为 Java 11。

有了 Spring Boot 项目之后，只需将 Drools 的相关依赖添加进 pom.xml 文件即可，这里我们以传统语法风格来集成 Spring Boot。添加依赖类库代码如下：

```
<dependency>
    <groupId>org.drools</groupId>
    <artifactId>drools-engine</artifactId>
    <version>${drools.version}</version>
```

```xml
</dependency>
<dependency>
    <groupId>org.drools</groupId>
    <artifactId>drools-xml-support</artifactId>
    <version>${drools.version}</version>
</dependency>
<dependency>
    <groupId>org.drools</groupId>
    <artifactId>drools-mvel</artifactId>
    <version>${drools.version}</version>
</dependency>
```

其中"${drools.version}"中 Drools 版本的定义放在了 properties 当中，这里采用 8.33.0.Final 版本。从上面的依赖引入可以看出，单纯对于 Drools 的集成来说，这还是足够轻量级的。项目中引入了 Drools 8 的传统语法类库 drools-engine 的依赖，同时还用到了 XML 解析支持的 drools-xml-support 类库和对 MVEL 支持的 drools-mvel 依赖。

对应 Spring Boot 的启动类（需位于 Controller、Service 等所在包的同级或上级，否则无法实例化其他对象）如下：

```java
@SpringBootApplication
public class SpringBootRestApplication {

    public static void main(String[] args) {
        SpringApplication.run(SpringBootRestApplication.class, args);
    }
}
```

上述类为 Spring Boot 项目的启动入口类。

完成了项目的创建和依赖引入，便可进行 Drools 的集成配置操作了。

7.1.3　Drools 集成配置

Drools 的集成配置重点是核心 API 的实例化与管理，比如 KieBase、KieContainer 的实例化操作，这里集中放在 DroolsConfig 类中实现，采用 Spring Boot 中的注解形式进行配置。

```java
/**
 * 初始化 Drools 相关配置
 **/
@Configuration
public class DroolsConfig {
```

```java
    private static final String RULES_PATH = "rules/";
    private static final KieServices KIE_SERVICES = KieServices.get();

    @Bean
    @ConditionalOnMissingBean(KieFileSystem.class)
    public KieFileSystem kieFileSystem() throws IOException {
        KieFileSystem kieFileSystem = KIE_SERVICES.newKieFileSystem();
        for (Resource file : getRuleFiles()) {
            kieFileSystem.write(ResourceFactory.newClassPathResource(RULES_PATH
                + file.getFilename(), "UTF-8"));
        }
        return kieFileSystem;
    }

    @Bean
    @ConditionalOnMissingBean(KieContainer.class)
    public KieContainer kieContainer() throws IOException {
        final KieRepository kieRepository = KIE_SERVICES.getRepository();
        // 创建一个 KieModule 并添加到 KieRepository 中
        kieRepository.addKieModule(kieRepository::getDefaultReleaseId);
        KieBuilder kieBuilder = KIE_SERVICES.newKieBuilder(kieFileSystem());
        // 如果构建有错误信息，则抛出异常。异常逻辑可根据具体业务逻辑定制化处理。
        Results results = kieBuilder.getResults();
        if (results.hasMessages(Message.Level.ERROR)) {
            throw new RuntimeException(results.getMessages().toString());
        }
        kieBuilder.buildAll();
        return KIE_SERVICES.newKieContainer(kieRepository.getDefaultReleaseId());
    }

    @Bean
    @ConditionalOnMissingBean(KieBase.class)
    public KieBase kieBase() throws IOException {
        return kieContainer().getKieBase();
    }

    private Resource[] getRuleFiles() throws IOException {
        ResourcePatternResolver resourcePatternResolver = new PathMatchingResour
            cePatternResolver();
        return resourcePatternResolver.getResources("classpath*:" + RULES_PATH +
            "**/*.*");
    }
}
```

上述代码实例化了 KieFileSystem、KieBase（仅做实例化展示，未用到）和 KieContainer 3 个对象。这里采用了 Spring Boot 提供的 3 个注解:

❑ @Configuration 注解用于声明 DroolsConfig 为配置类。

❑ @Bean 注解用于声明指定方法是用来创建 Bean 对象的。

❑ @ConditionalOnMissingBean 注解用于声明标注该注解的方法在 Bean 注册过程中，如果已存在相同的 Bean，则会抛出异常，以确保 Bean 的唯一性。

在构建 KieContainer 时采用了 KieFileSystem 来加载指定的 DRL 规则文件，并手动进行了 KieRepository 的配置，因此在该项目中无须在 resources/META-INF 目录下创建 kmodule.xml 配置文件。

其中有两个小知识点，请大家留意一下。其一，KieFileSystem 创建完毕，采用了以 Resource 资源的形式加载指定规则目录（rules）下的规则。其二，KieContainer 创建的方法中，使用了 KieBuilder 通过 buildAll 方法对规则资源进行构建，在构建之前需要先调用 getResults 方法来检查规则的合法性，如果有错误信息，则抛出异常或进行人工干预。要特别提醒的是，需要在调用 buildAll 方法之前调用 getResults 方法，而不是在其后。

完成了核心 API 的实例化之后，便可在业务系统中直接使用了。

7.1.4　业务逻辑实现

定义事实类——GoodsOrder 类，该类用来存储业务信息和规则引擎处理之后的返回信息，代码如下：

```java
public class GoodsOrder {
    /**
     * 订单编号
     */
    private String orderNo;
    /**
     * 订单金额，单位为分
     */
    private long amount;
    /**
     * 返回编码
     */
    private String code = "SUCCESS";
    /**
     * 编码描述
     */
    private String msg;
    // 省略 getter/setter 方法
}
```

GoodsOrder 类定义了订单编号和订单金额两个业务字段，还定义了 code 和 msg，分别用于传输返回结果编码及描述的字段。GoodsOrder 的功能主要是作为一个事实对象，用于在业务系统和规则引擎之间进行数据交互。

其中，amount 字段的单位为分，目的是防止出现浮点类型计算精度损失的问题。code 字段默认为"SUCCESS"，表示执行成功；当在规则中明确执行失败时，可复制为"ERROR"等。

定义 OrderService 及其实现类——OrderServiceImpl 类，代码如下：

```
public interface OrderService {

    long getDiscountAmt(GoodsOrder goodsOrder);
}

@Service("orderService")
public class OrderServiceImpl implements OrderService {

    private static final Logger LOGGER = LoggerFactory.getLogger(OrderServiceImpl.
        class);
    private static final String SUCCESS_CODE = "SUCCESS";

    @Resource
    private KieContainer kieContainer;

    @Override
    public long getDiscountAmt(GoodsOrder goodsOrder) {
        KieSession kieSession = kieContainer.newKieSession();
        try {
            kieSession.insert(goodsOrder);
            kieSession.fireAllRules();
            if (SUCCESS_CODE.equals(goodsOrder.getCode())) {
                return goodsOrder.getAmount();
            } else {
                LOGGER.warn("业务逻辑异常,code={},msg={}", goodsOrder.getCode(),
                    goodsOrder.getMsg());
                throw new RuntimeException("规则处理异常");
            }
        } finally {
            if (kieSession != null) {
                kieSession.dispose();
            }
        }
    }
}
```

在 OrderServiceImpl 中注入 DroolsConfig 类中实例化的 KieContainer，即可直接使用 KieContainer 对象。在 getDiscountAmt 方法中，通过 KieContainer 创建了一个默认的 KieSession，将 GoodsOrder 插入规则引擎，并执行 KieSession 的 fireAllRules 方法，从而

获得执行结果。

在代码中添加 try…finally…语法，主要是为了在方法执行完毕之后，关闭 KieSession。关于 KieSession 还可以有另外一种用法，那就是将其也定义为单例对象，这样就可以持续调用 insert 等方法以改变规则引擎中的事实对象，并且可以调用 fireAllRules 方法触发规则。除非是需要在 KieSession 中持续维护一个累计过程的情况，否则不建议大家将 KieSession 定义成全局唯一的，而是建议将其定义为随时用、随时创建、随时关闭的形式。

调用规则引擎之后，代码中依然持有对传入规则引擎中的事实对象（GoodsOrder）的引用，所以这里可直接从 GoodsOrder 中获取改变之后的结果信息。

严格来说，上述 OrderService 设计得并不合理，需将其中规则引擎的部分进一步封装，比如创建一个 DroolsService 类，这样 OrderService 只负责业务处理即可。当需要调用规则引擎时，调用 DroolsService 中提供的方法；KieContainer 和 KieSession 则由 DroolsService 来单独维护。为了节省篇幅，这里没有对进一步封装做介绍，大家可自行尝试封装处理。

然后，我们再定义一个 Controller，模拟外部的用户请求，代码如下：

```java
@RestController
@RequestMapping("/order")
public class OrderController {

    @Resource
    private OrderService orderService;

    @GetMapping("/calcAmt")
    public long calcDiscountAmt(long amount) {
        GoodsOrder order = new GoodsOrder();
        // 暂时随机生成
        order.setOrderNo(getOrderNo());
        order.setAmount(amount);
        return orderService.getDiscountAmt(order);
    }

    private String getOrderNo() {
        // 简单示意，根据业务需要自定义实现
        return "N" + System.currentTimeMillis();
    }
}
```

当用户传入金额（amount）之后，调用 getDiscountAmt 方法，进而通过规则引擎来计算该笔金额能够获得的优惠价格。

上面是代码部分的实现。具体业务规则放在了 discount.drl 规则文件当中，规则如下：

```
package com.secbro2;

import com.secbro2.entity.GoodsOrder;
import com.secbro2.utils.DroolsAction;

// 规则1：金额小于100元 (Order#amount 单位为分)
rule "amount-less-than-100"
lock-on-active true
when
    $order : GoodsOrder(amount > 0, amount < 10000);
then
    DroolsAction.info("orderNo=" + $order.getOrderNo(), drools.getRule());
    // 无优惠折扣
    $order.setAmount($order.getAmount());
    $order.setCode("SUCCESS");
    $order.setMsg(" 无优惠折扣 ");
end


// 规则2：金额在100～1000元
rule "amount-between-100-and-1000"
lock-on-active true
when
    $order : GoodsOrder(amount >= 10000, amount < 100000);
then
    DroolsAction.info("orderNo=" + $order.getOrderNo(), drools.getRule());
    // 优惠50元
    $order.setAmount($order.getAmount() - 5000);
    $order.setCode("SUCCESS");
    $order.setMsg(" 优惠50元 ");
end


// 规则3：1000元以上
rule "amount-greater-than-1000"
lock-on-active true
when
    $order : GoodsOrder(amount >= 100000);
then
    DroolsAction.info("orderNo=" + $order.getOrderNo(), drools.getRule());
    // 优惠200元
    $order.setAmount($order.getAmount() - 20000);
    $order.setCode("SUCCESS");
    $order.setMsg(" 优惠200元 ");
end


// 规则4：金额小于或等于0元（模拟失败情况）
rule "amount-less-than-0"
lock-on-active true
when
    $order : GoodsOrder(amount <= 0);
```

```
then
    DroolsAction.error("orderNo=" + $order.getOrderNo(), drools.getRule());
    // 模拟异常逻辑处理
    $order.setCode("ERROR");
    $order.setMsg(" 业务处理异常 ");
end
```

关于规则逻辑的实现及语法，前文已经讲过，这里不再重复。需要注意的是，为了简单起见，订单的金额以分为单位，所以规则中的金额需要换算。

规则业务逻辑很简单：如果金额在 0～100 元，无优惠；金额在 100～1000 元，优惠 50 元；金额大于 1000 元，则优惠 200 元。

在规则文件中，为了方便调试、输入日志、进行一特殊处理等，特意定义了一个 DroolsAction 类，具体实现如下：

```
/**
 * 记录触发规则之后的日志，可根据需要拓展其他操作或日志输出。也可用于规则调试时日志输出。
 **/
public class DroolsAction {

    private static final Logger LOGGER = LoggerFactory.getLogger(DroolsAction.
        class);

    public static void info(String content, RuleImpl rule) {
        LOGGER.info("Rule[{}] is matched. And the message is '{}'", rule.
            getName(), content);
        // 其他操作或日志输出
    }

    public static void error(String content, RuleImpl rule) {
        LOGGER.info("Rule[{}]is matched. And something error with '{}'", rule.
            getName(), content);
        // 其他操作或日志输出
    }
}
```

在实例中，DroolsAction 类只提供了两个日志打印的方法，细心的你可能已经发现了，通过 Drools 在规则文件中内置的 drools 对象，我们可以获得更多当前规则的信息。DroolsAction 的 info 方法外和 error 方法中都获得了内置的 Rule 对象，并打印出了当前规则的名称。

除了 getRule 方法外，drools 对象还提供了 delete、update、insert、halt（立即终止后面所有规则的执行）、getWorkingMemory（获取工作内存对象）等方法，方便我们在规则文件中进行相应的操作。规则引擎的这些内置对象可在实践中按需使用。

至此，Drools 与 Spring Boot 集成的实现部分已经完成了，下面我们来进行功能的验证。

7.1.5 功能验证

完成基本代码的编写后，下面我们来进行具体的功能验证，看规则是否生效。

首先启动 Spring Boot 项目。然后，打开浏览器，访问路径为 http://localhost:8080/order/calcAmt?amount=xxx，其中 amount 的参数值可依次输入 1000（10 元）、50000（500 元）、200000（2000 元）和 –10 来验证规则执行的结果。

以 amount 参数值为 1000 进行访问时，浏览器显示结果为"1000"，说明没有折扣，同时控制台输出如下信息：

```
Rule[amount-less-than-100] is matched. And the message is 'orderNo=N1675583411204'
```

上述信息说明规则执行成功，并通过 DroolsAction 的方法打印了日志。

当 amount 的参数值为 50000（单位为分，即 500 元，下同）时，浏览器显示结果为"45000"，说明成功执行优惠 50 元。当 amount 的参数值为 200000 时，浏览器显示结果为"180000"，说明成功执行优惠 200 元。对应地，控制台也都打印出了规则名称相关的日志。

最后，再来验证一下返回 code 为"ERROR"的业务逻辑。将 amount 值改为 –10，执行请求，发现浏览器页面出现异常展示（这是由将底层的业务异常直接抛出导致的，实践中可捕捉封装异常信息）。

同时控制台输出如下核心信息：

```
…… WARN ……: 业务逻辑异常,code=ERROR,msg=业务处理异常
…… ERROR ……: Servlet.service() for servlet [dispatcherServlet] in context
    with path [] threw exception [Request processing failed; nested exception is
    java.lang.RuntimeException: 规则处理异常 ] with root cause
    java.lang.RuntimeException: 规则处理异常
        at com.secbro2.service.impl.OrderServiceImpl.getDiscountAmt(OrderServiceImpl.
        java:38) ~[classes/:na]
    ……
```

上述日志信息被精简了，但是依然可以看到调用规则引擎时的确返回了错误码"ERROR"，然后业务逻辑中主动抛出了 RuntimeException 异常，说明成功执行了"规则 4"的逻辑。

至此，Drools 与 Spring Boot 的集成与验证讲解完毕，下面我们基于此模式再做进一步改进和功能完善。

7.2　基于 kmodule.xml 配置实战案例

在上面的实战案例中，我们看到规则引擎是基于 KieFileSystem 来完成规则的定义和加载的，并未使用常规的 kmodule.xml 进行 KieBase 和 KieSession 的定义和配置。那么，是否可以采用 kmodule.xml 来完成 KieBase 和 KieSession 的定义呢？我们来改造一下上面的代码。

首先，在 resources/META-INF 目录下新建一个 kmodule.xml 文件，配置信息如下：

```xml
<?xml version="1.0" encoding="utf-8" ?>
<kmodule xmlns="http://www.drools.org/xsd/kmodule">
    <kbase name="discount-kbase" packages="com.secbro2" default="true">
        <ksession name="discount-rule" default="true"/>
    </kbase>
</kmodule>
```

这里配置了默认的 KieBase 和默认的 KieSession，与之前介绍的示例无异。要将 kbase 设置为默认值，只是因为后面 DroolsConfig 类中实例化了一个默认的 KieBase，如果在 kmodule.xml 中没有对应的默认配置，启动时会抛出异常信息。

改造后的 DroolsConfig 类如下：

```java
@Configuration
public class DroolsConfig {

    @Bean
    @ConditionalOnMissingBean(KieContainer.class)
    public KieContainer kieContainer() {
        return KieServices.get().getKieClasspathContainer();
    }

    @Bean
    @ConditionalOnMissingBean(KieBase.class)
    public KieBase kieBase() {
        return kieContainer().getKieBase();
    }
}
```

对上面的初始化代码，是不是很熟悉？对，它就是将之前示例中的 KieContainer 的实例化基于 Spring Boot 的形式注入 Spring 容器当中了。

在实例化 KieBase 的方法中，调用了 KieContainer 的 getKieBase 方法，这个方法需要在 kmodule.xml 中配置一个默认的 kbase 元素，否则就需要用指定 KieBase 名称的 getKieBase 方法来获取。在实例中并不需要获取 KieBase，这里只是用来演示如何使用。

配置文件和配置类都修改完毕，KieSession 也在 kmodule.xml 中配置了一个默认值，此时原来的代码可正常运行。如果未配置 KieSession 的默认值或者想根据名称获取对应的 KieSession，只需在通过 KieContainer 创建 KieSession 的时候指定名称。

如果你在项目中习惯基于 kmodule.xml 来配置 KieBase 和 KieSession，那么可以尝试这种改造方式。

7.3 动态加载规则实战案例

前面我们实现了两种与 Spring Boot 集成的方案，但它们都有一个很明显的缺点，那就是无法动态加载规则，只能通过重新发布来实现。在这一节，我们基于上面业务和基础项目架构来实现动态加载规则的功能。

动态加载可以有多种实现方式，因为 Drools 提供的加载方式十分灵活。多年前我曾在 GitHub 上发布过一种实现动态加载的方案，GitHub 项目地址为 https://github.com/secbr/drools，大家也可以参考。目前网络上很多人采用我的这种加载方案或在其基础上加以改进。

此时我认为，这种加载方案还是有一定不足的。在本小节中我将对动态加载的方案进行全面改进升级，以更加严谨、更加灵活的方式来实现规则的动态加载。

改进升级后的方案相较于 7.1 小节的代码有以下改动：

❑ 不再使用（删除）DroolsConfig 类来进行 Drools 组件实例化，通过专门的 Drools-Service 来提供 Drools 相关的服务，如初始化、重新加载、构建 KieContainer、创建 KieSession 等。
❑ 规则不再存放（删除）在类路径下，而是存放在系统目录中。
❑ OrderService 中通过 DroolsService 来获得 KieContainer，而不再直接注入 KieContainer。
❑ 新增 DroolsController，用来触发重新加载。

除了上述 4 项改动之外，对业务场景、规则逻辑、实体类等只进行微调，下面我们来看具体的代码实现。

DroolsService 接口实现如下：

```
/**
 * Drools 服务类，用于获得 KieContainer、重新加载规则等
 **/
```

```
public interface DroolsService {

    /**
     * 获取 KieContainer
     *
     * @return KieContainer
     */
    KieContainer getKieContainer();

    /**
     * 重复重新加载规则
     *
     * @return KieContainer
     */
    KieContainer reloadKieContainer();

    /**
     * 创建默认 KieSession
     *
     * @return KieSession
     */
    KieSession newKieSession();

    /**
     * 创建指定名称的 KieSession
     *
     * @param sessionName KieSession 名称
     * @return KieSession
     */
    KieSession newKieSession(String sessionName);
}
```

在实例中，只定义了获取 KieContainer、重新加载 KieContainer、获取 KieSession 的方法，如果根据业务需要进一步封装，那么就需要提供更多的方法。

DroolsService 实现类 DroolsServiceImpl 的代码如下：

```
@Service("droolsService")
public class DroolsServiceImpl implements DroolsService {

    private static final Logger LOGGER = LoggerFactory.getLogger(DroolsServiceImpl.
        class);

    /**
     * 存储规则的磁盘根路径，可通过 Spring Boot 的配置文件来配置，以区分不同环境。
     */
    private static final String RULES_PATH = "/Users/zzs/temp/rules";
```

```java
private static final KieServices KIE_SERVICES = KieServices.get();

private static volatile KieContainer KIE_CONTAINER = null;

@Override
public KieContainer getKieContainer() {
    if (KIE_CONTAINER == null) {
        synchronized (KieContainer.class) {
            KIE_CONTAINER = initInstance();
        }
    }
    return KIE_CONTAINER;
}

private KieContainer initInstance() {
    final KieRepository kieRepository = KIE_SERVICES.getRepository();
    // 创建一个 KieModule 并添加到 KieRepository 中
    kieRepository.addKieModule(kieRepository::getDefaultReleaseId);
    KieBuilder kieBuilder = KIE_SERVICES.newKieBuilder(initKieFileSystem());
    // 如果构建时有错误信息，则抛出异常。对异常逻辑，可根据具体业务逻辑定制化处理。
    Results results = kieBuilder.getResults();
    if (results.hasMessages(Message.Level.ERROR)) {
        LOGGER.error(" 规则构建失败，返回原有 KIE_CONTAINER");
        return KIE_CONTAINER;
    }
    kieBuilder.buildAll();
    return KIE_SERVICES.newKieContainer(kieRepository.getDefaultReleaseId());
}

@Override
public synchronized KieContainer reloadKieContainer() {
    KIE_CONTAINER = this.initInstance();
    return KIE_CONTAINER;
}

@Override
public KieSession newKieSession() {
    return getKieContainer().newKieSession();
}

@Override
public KieSession newKieSession(String sessionName) {
    return getKieContainer().newKieSession(sessionName);
}

/**
 * 初始化 KieFileSystem
 */
private KieFileSystem initKieFileSystem() {
```

```
        KieFileSystem kieFileSystem = KIE_SERVICES.newKieFileSystem();
        for (File file : getRuleFiles()) {
            kieFileSystem.write(ResourceFactory.newFileResource(file.
                getAbsolutePath()));
        }
        return kieFileSystem;
    }

    /**
     * 获取指定目录下的所有规则文件。
     * 注：此处只是简单实现，正常需递归遍历调用，获取所有子目录、子文件。
     */
    private List<File> getRuleFiles() {
        List<File> fileList = new ArrayList<>();
        File file = new File(RULES_PATH);
        if (file.exists()) {
            File[] files = file.listFiles();
            if (files != null) {
                fileList.addAll(Arrays.asList(files));
            }
        }
        return fileList;
    }
}
```

在上述代码中，我们将 KieContainer 定义成一个静态变量，无论是在 DroolsServiceImpl 内部还是在外部调用时，都通过 getKieContainer 来获得这个变量。在 getKieContainer 方法中实现了一个双重判断锁，来初始化 KieContainer 的单例对象。其中调用了 initInstance 方法，该方法生成 KieContainer 的方式与前面示例使用 API 基本相同，不同之处有两个：第一，通过 KieBuilder 检查规则合法性，如果有异常则打印异常信息，不再进一步构建 KieContainer 对象，此处可根据具体系统架构来决定如何处理异常情况；第二，初始化 KieFileSystem 时，不再从类路径中加载规则文件，而是从系统路径中加载。

关于从系统路径读取规则文件的实现有两点说明。第一，为了简化操作，getRuleFiles 方法并未以递归的形式来遍历目录层级，如果你的规则放在多个层级当中，那么需要进一步实现该功能。第二，getRuleFiles 方法只展示了一种获取规则文件的方式，查看 ResourceFactory 源码，会发现它提供了各种（包括 URL、字符串、文件、流等）方式来获取规则文件，也就是说在实践中可以通过读取类路径中的规则、系统文件中的规则、远程链接中的规则、数据库中的规则等来获取对应的规则文件。此处你可根据自身业务场景选择一种实现方式。

reloadKieContainer 方法重新触发 KieContainer 构建，并将构建结果赋值给静态变量 KIE_CONTAINER。这样就完成了指定目录规则的重新加载和 KieContainer 的构建。此处要特别注意，如果新规则构建失败，则需要确保之前的 KieContainer 依旧可用。

OrderServiceImpl 类中唯一变动的就是将原来注入的 KieContainer 对象换成了 DroolsService，具体代码如下：

```
@Service("orderService")
public class OrderServiceImpl implements OrderService {

    private static final Logger LOGGER = LoggerFactory.getLogger(OrderServiceImpl.
        class);

    private static final String SUCCESS_CODE = "SUCCESS";

    @Resource
    private DroolsService droolsService;

    @Override
    public long getDiscountAmt(GoodsOrder goodsOrder) {
        KieSession kieSession = droolsService.newKieSession();
        try {
            kieSession.insert(goodsOrder);
            kieSession.fireAllRules();
            if (SUCCESS_CODE.equals(goodsOrder.getCode())) {
                return goodsOrder.getAmount();
            } else {
            LOGGER.warn("业务逻辑异常,code={},msg={}", goodsOrder.getCode(),
            goodsOrder.getMsg());
                throw new RuntimeException("规则处理异常");
            }
        } finally {
            if (kieSession != null) {
                kieSession.dispose();
            }
        }
    }
}
```

在实践中，如果需要更多的关于 Drools 的 API 类或操作，可在 DroolsService 中添加新的方法来封装。

另外，为了触发规则的重新加载，提供了一个 DroolsController 类，具体代码如下：

```
@RestController
public class DroolsController {

    @Resource
    private DroolsService droolsService;
```

```
@GetMapping("/reload")
public String reloadRules() {
    droolsService.reloadKieContainer();
    return "SUCCESS";
}
}
```

DroolsController 类可以让我们通过访问指定的 URL 来触发规则的重新加载和构建。对应的 URL 路径为 http://localhost:8080/reload。

最后一步我们把项目中的规则文件 discount.drl 移到系统目录（/Users/zzs/temp/rules）下，启动 Spring Boot 项目，进行最后的验证。

打开浏览器，访问路径为 http://localhost:8080/order/calcAmt?amount=xxx，其中 amount 的参数值依次输入 1000（10 元）、50000（500 元）、200000（2000 元）和 −10 来验证规则执行的结果。

执行结果与 7.1 小节中的结果完全相同，这说明规则放在系统路径下，同样可以正常加载执行，细节就不再展示了。

需要留意的是，在首次初始化 KieContainer 时，控制台打印出了如下警告信息：

```
File 'Users/zzs/temp/rules/discount1.drl' is in folder 'Users/zzs/temp/rules'
    but declares package 'com.secbro2'. It is advised to have a correspondance
    between package and folder names.
```

这也正好印证了我们前面说的：虽然规则的包（package）可以和规则实际存放的物理路径不同，但建议两者保持一致。此条警告信息说的便是此事。

完成了规则加载的验证之后，保持系统启动状态，用文本编辑器打开 discount.drl 文件，将其中的"规则 4"删除，保存，然后再次访问 http://localhost:8080/reload 进行规则的重新加载。

完成上述操作之后，再次验证 1000（10 元）、50000（500 元）、200000（2000 元）和 −10 的情况，会发现当输入 −10 时，返回的结果不再是异常页面，而是 −10。这是因为"规则 4"被删除之后，金额为负值时没有命中任何规则，就直接返回了结果，这也说明规则重新加载生效了。当然，大家也可以尝试在规则目录下添加新的规则文件，模拟规则更新发布等场景，从而实现动态加载。

至此，规则动态加载相关案例就讲解完毕了，受篇幅所限，这里没有进一步拓展，但整体思路已经清晰、完整。大家可以参考该案例，选择适合自己业务的场景进行功能拓展和完善。

第 8 章

Drools 基于 Kogito 云原生实战

随着微服务及云原生的蓬勃发展，Drools 8 也开始拥抱云原生及微服务。在 Drools 7 中，KIE Server 和 Business Central 组件已经被完全移除，取而代之的就是基于 Kogito 的云原生部署方式。

本章先从一个简单的案例讲起，我们先将上一章中基于 Drools 8 的传统语法与 Spring Boot 的集成，改造成基于 Drools 8 规则单元语法与 Spring Boot 的集成，然后再将其改造成基于 Kogito 云原生的集成。本章会带大家直观感受其中的区别，体验基于云原生组件的项目结构。但在实践中，基于云原生环境来发布 Drools 项目，还需要很多云原生配套的组件和部署流程，大家可以根据需要选择适当的形式。本章的重点在于项目代码的集成，所以不会花太多篇幅在云原生环境的搭建上，对云原生感兴趣的朋友可参考相关专业书籍和文档。

另外，虽然官方推荐使用 Kogito 云原生方案进行部署，但我们也要考虑国内的软件生态以及项目的技术栈。官方推荐的并不一定是最好或必选的方案。比如，你的项目并没有计划引入云原生，或者团队中根本没有人懂 Kogito 的使用，那就没必要按照这种方案来做。这种方案只是一个可选项，而不是必选项。

因此，在学习本章时，如果你的项目用到了 Kogito，那么可以考虑将 Drools 集成到其中；如果你的项目没有使用或没有计划使用 Kogito，那么知道有这样一个官方推荐的方案即可。

8.1　规则单元与 Spring Boot 集成

本小节主要介绍 Drools 8 规则单元与 Spring Boot 的集成案例，我们依旧采用上一章的场景，基于原有的代码进行改造升级。这样大家既可以体验到语法迁移的流程和注意事项，又可进行对比学习。

案例场景：根据客户购买物品的订单（GoodsOrder）金额，触发不同的打折规则，计算出实际应支付的金额。

下面我们就来看具体的改造和代码。

8.1.1　Spring Boot 项目创建

项目的创建与原始案例一致，首先创建一个 Spring Boot 项目，对应的初始 pom.xml 内容如下：

```xml
<?xml version="1.0" encoding="UTF-8"?>
<project xmlns="http://maven.apache.org/POM/4.0.0"
        xmlns:xsi="http://www.w3.org/2001/XMLSchema-instance"
        xsi:schemaLocation="http://maven.apache.org/POM/4.0.0
            http://maven.apache.org/xsd/maven-4.0.0.xsd">
    <modelVersion>4.0.0</modelVersion>
    <parent>
        <groupId>org.springframework.boot</groupId>
        <artifactId>spring-boot-starter-parent</artifactId>
        <version>2.6.2</version>
        <relativePath/>
    </parent>
    <groupId>com.secbro2</groupId>
    <artifactId>chapter8-ruleunit-spring-boot</artifactId>
    <version>1.0</version>
    <packaging>jar</packaging>
    <name>chapter8-ruleunit-spring-boot</name>
    <properties>
        <java.version>11</java.version>
        <maven.compiler.source>11</maven.compiler.source>
        <maven.compiler.target>11</maven.compiler.target>
        <drools.version>8.33.0.Final</drools.version>
    </properties>
    <dependencies>
        <dependency>
            <groupId>org.springframework.boot</groupId>
            <artifactId>spring-boot-starter-web</artifactId>
        </dependency>
```

```
    </dependencies>
    <build>
        <plugins>
            <plugin>
                <groupId>org.springframework.boot</groupId>
                <artifactId>spring-boot-maven-plugin</artifactId>
            </plugin>
        </plugins>
    </build>
</project>
```

Spring Boot 项目创建完毕之后，将 Drools 8 的规则单元类库依赖添加到 pom.xml 中。

```
<dependency>
    <groupId>org.drools</groupId>
    <artifactId>drools-ruleunits-engine</artifactId>
    <version>${drools.version}</version>
</dependency>
<dependency>
    <groupId>org.drools</groupId>
    <artifactId>drools-wiring-dynamic</artifactId>
    <version>${drools.version}</version>
</dependency>
```

关于规则单元的依赖，在前面多处已经提到过，这里不再过多解释。

Spring Boot 的启动类代码如下：

```
@SpringBootApplication
public class SpringBootRestApplication {
    public static void main(String[] args) {
        SpringApplication.run(SpringBootRestApplication.class, args);
    }
}
```

此处与原始案例一样。至此已经完成基本项目的创建。

8.1.2　规则单元集成配置

由于规则单元本身就具有将规则进行抽象和分类的能力，所以不再需要像传统语法那样通过包等形式来进行分类，每一个规则单元都是一组规则的实现，它会按照约定好的路径去匹配、加载、初始化规则。所以规则单元的集成就变得比较简单了，我们只需要配置一个 RuleUnitProvider 实例对象。

对应的 DroolsConfig 类代码如下：

```
@Configuration
public class DroolsConfig {

    private static final RuleUnitProvider RULE_UNIT_PROVIDER = RuleUnitProvider.
        get();

    @Bean
    @ConditionalOnMissingBean(KieBase.class)
    public RuleUnitProvider ruleUnitProvider() {
        return RULE_UNIT_PROVIDER;
    }
}
```

可以看到，这里与传统语法风格中初始化 KieServices 是一样的。本质上讲，RuleUnitProvider 和 KieServices 都是 KieService 接口的实现类。

这里将 RuleUnitProvider 声明为 Spring 容器中的一个 Bean 对象，在其他地方我们就可以通过注解注入并使用它了。

8.1.3　基于规则单元的业务逻辑改造

基于规则单元的业务逻辑改造主要影响一些初始化、规则实现、规则调用等内容，所以原来项目中的 OrderController、OrderService、GoodsOrder、DroolsAction 保持不变，这里就不再展示代码了。

针对 GoodsOrder 对象创建一个 GoodsOrderUnit，代码如下：

```
package com.secbro2.unit;

import com.secbro2.entity.GoodsOrder;
import org.drools.ruleunits.api.DataSource;
import org.drools.ruleunits.api.DataStore;
import org.drools.ruleunits.api.RuleUnitData;

public class GoodsOrderUnit implements RuleUnitData {

    private final DataStore<GoodsOrder> goodsOrders;

    public GoodsOrderUnit() {
        this(DataSource.createStore());
    }

    public GoodsOrderUnit(DataStore<GoodsOrder> goodsOrders) {
        this.goodsOrders = goodsOrders;
    }
```

```
    public DataStore<GoodsOrder> getGoodsOrders() {
        return goodsOrders;
    }
}
```

GoodsOrderUnit 单独放在了 com.secbro2.unit 包下，对应地，也需要在 resources 目录下创建一个同样的包路径，并把原来放在 /rules 目录下的 discount.drl 文件放在 com.secbro2.unit 包下。同时，还需要将 discount.drl 中的包路径改为 com.secbro2.unit。这三者的包路径要保持一致，我们在前面的案例中已经讲到过原因了。

同时，我们还需要将 discount.drl 的语法改造为基于规则单元的语法，规则代码如下：

```
package com.secbro2.unit;
unit GoodsOrderUnit;

import com.secbro2.utils.DroolsAction;

// 规则 1：金额小于 100 元（Order#amount 单位为分）
rule "amount-less-than-100"
lock-on-active true
when
    $order : /goodsOrders[amount > 0, amount < 10000];
then
    DroolsAction.info("orderNo=" + $order.getOrderNo(), drools.getRule());
    // 无优惠折扣
    $order.setAmount($order.getAmount());
    $order.setCode("SUCCESS");
    $order.setMsg(" 无优惠折扣 ");
end

// 规则 2：金额为 100～1000 元
rule "amount-between-100-and-1000"
lock-on-active true
when
    $order : /goodsOrders[amount >= 10000, amount < 100000];
then
    DroolsAction.info("orderNo=" + $order.getOrderNo(), drools.getRule());
    // 优惠 50 元
    $order.setAmount($order.getAmount() - 5000);
    $order.setCode("SUCCESS");
    $order.setMsg(" 优惠 50 元 ");
end

// 规则 3：1000 元以上
rule "amount-greater-than-1000"
lock-on-active true
when
```

```
        $order : /goodsOrders[amount >= 100000];
    then
        DroolsAction.info("orderNo=" + $order.getOrderNo(), drools.getRule());
        // 优惠 200 元
        $order.setAmount($order.getAmount() - 20000);
        $order.setCode("SUCCESS");
        $order.setMsg(" 优惠 200 元 ");
    end

    // 规则 4：金额小于或等于 0 元（模拟失败情况）
    rule "amount-less-than-0"
    lock-on-active true
    when
        $order : /goodsOrders[amount <= 0];
    then
        DroolsAction.error("orderNo=" + $order.getOrderNo(), drools.getRule());
        // 模拟异常逻辑处理
        $order.setCode("ERROR");
        $order.setMsg(" 业务处理异常 ");
    end
```

上述代码修改了包路径，添加了 unit GoodsOrderUnit 声明，修改了 when 部分条件判断和赋值的语法，其他部分未做变动。

最后一步，我们将 OrderServiceImpl 中调用规则引擎的代码进行改造，改造后的代码如下：

```
    @Service("orderService")
    public class OrderServiceImpl implements OrderService {
        private static final Logger LOGGER = LoggerFactory.getLogger(OrderServiceImpl.
            class);
        private static final String SUCCESS_CODE = "SUCCESS";

        @Resource
        private RuleUnitProvider ruleUnitProvider;

        @Override
        public long getDiscountAmt(GoodsOrder goodsOrder) {
            GoodsOrderUnit unit = new GoodsOrderUnit();
            try (RuleUnitInstance<GoodsOrderUnit> instance = ruleUnitProvider.
                createRuleUnitInstance(unit)) {
                unit.getGoodsOrders().add(goodsOrder);
                int count = instance.fire();
                LOGGER.info("触发了 {} 条规则 ", count);
                if (SUCCESS_CODE.equals(goodsOrder.getCode())) {
                    return goodsOrder.getAmount();
                }
```

```
        }
        LOGGER.warn("业务逻辑异常,code={},msg={}", goodsOrder.getCode(),
            goodsOrder.getMsg());
        throw new RuntimeException("规则处理异常");
    }
}
```

这里将 RuleUnitProvider 对象注入 OrderServiceImpl 中，RuleUnitProvider 的基本用法与之前案例中规则单元的用法一样。

关于功能验证部分，可与上一章一样，这里不再赘述。通过这个案例大家可以看到，改造为规则单元语法还是比较简单的，主要涉及修改依赖类库、修改初始化、创建规则单元类、修改基础语法、修改客户端调用方式等。当然，还有一些关于规则单元本身约定俗成的语法事项需要大家注意。

8.2 规则单元与 Kogito 集成

这一节我们先简单了解一下 Kogito 是什么，它有什么作用，它对 Drools 的规则单元又有哪些支持。之后，再进一步改造 8.1 节的案例，实现 Drools 规则单元与 Kogito 的实践案例。在对外提供 REST API 的 Web 服务层面，我们依旧采用 Spring Boot（本质上是 Spring MVC），当然也可以使用官方推荐的 Quarkus，具体采用哪种依据项目需求确定。Spring Boot 和 Quarkus 只是不同的 Web 框架，各有优劣，它们的功能和目标基本一致，而且 Kogito 对它们都提供相应的支持。因此，这一小节的案例也可以说是基于 Drools 8 规则单元、Spring Boot 和 Kogito 的一个集成案例。

8.2.1 Kogito 简介

在第 1 章时我就已经介绍过，Kogito 也属于 KIE 系列项目之一。Kogito 是一种开源的端到端业务流程自动化（BPA）技术，用于在现代容器平台上开发、部署和执行基于流程和规则的云原生应用。它可以帮助开发人员构建智能云原生应用，从而自动执行、优化和管理复杂的业务流程和决策。

Kogito 是一种全新设计的 BPMN 工具，是下一代业务自动化工具包，它源自 Drools 和 jBPM。它使开发人员能够将业务流程与复杂的业务决策、规则集成在一起。开发人员通过 Kogito 可以将 Drools 的服务转换为可在容器化环境（例如 Kubernetes）上部署的微服务。Kogito 利用最新技术（Quarkus、Knative 等），可以在 Kubernetes 等编排平台上获得惊人的快速启动时间和即时扩展。但 Kogito 并没有取代 Drools 的意图，而是希望能够让 Drools

获得更进一步的发展。

Kogito 最与众不同的优势是云原生运行时环境。传统业务流程管理（BPM）系统非常庞大，主要部署在物理数据中心上。Kogito 不仅采用领先的云原生技术，而且能够连接传统的业务流程管理系统。它兼容众多开源技术，比如 OpenShift、Kubernetes、Quarkus、Knative、Apache Kafka 等。

Kogito 针对混合云环境进行了优化，使开发人员可以灵活地在其特定领域的服务上构建云原生应用。因此，开发人员无须修改业务领域以适应工具包，而是可以轻易地使用现有工具和工作流来构建和部署 Kogito 服务，并且可以在本地服务器上对应用进行测试，然后推送到云服务环境。

Kogito 的出现为 Drools 核心功能带来了如下改进：

❑ 引入高级特性，比如模块化规则。Drools 8 的规则单元概念便是由 Kogito 引入的。
❑ 使 Drools（包括 jBPM）100% 云原生，并且非常适合无服务部署。
❑ 高级代码生成，从规则创建端点（Endpoint）。

这些改进提升了开发人员的效率，高级代码生成的功能替代了原来开发人员编写代码或处理的 80% 的部分，可以灵活定制需要的服务和组件，还支持实时重新加载，简化本地开发工作。Kogito 的一个关键特性则是能够使用基于 Java 的规则单元声明自动将其映射到 REST 端点，我们将在后面的实例中看到这一特性。

简单了解了 Kogito 之后，我们来继续改造 8.1 节的项目，使其适配 Kogito 云原生环境。由于云原生环境的搭建并非本书重点，同时前文也提到 Kogito 可以在本地服务器上对应用进行方便的测试，因此下面将重点介绍如何进行项目集成，如何在本地编译启动，以及 Kogito 的一些实现原理与注意事项。

8.2.2　项目创建

创建一个基础的 Maven 项目，然后添加 Spring Boot、Drools 和 Kogito 依赖，代码如下：

```
<?xml version="1.0" encoding="UTF-8"?>
<project xmlns="http://maven.apache.org/POM/4.0.0"
        xmlns:xsi="http://www.w3.org/2001/XMLSchema-instance"
        xsi:schemaLocation="http://maven.apache.org/POM/4.0.0
            http://maven.apache.org/xsd/maven-4.0.0.xsd">
    <modelVersion>4.0.0</modelVersion>
    <groupId>com.secbro2</groupId>
```

```xml
<artifactId>chapter8-drools8-kogito</artifactId>
<version>1.0</version>
<packaging>jar</packaging>
<name>chapter8-drools8-kogito</name>
<properties>
    <java.version>11</java.version>
    <maven.compiler.source>11</maven.compiler.source>
    <maven.compiler.target>11</maven.compiler.target>
    <version.org.kie.kogito>1.33.0.Final</version.org.kie.kogito>
    <kogito.bom.version>1.33.0.Final</kogito.bom.version>
</properties>
<dependencyManagement>
    <dependencies>
        <dependency>
            <groupId>org.kie.kogito</groupId>
            <artifactId>kogito-spring-boot-bom</artifactId>
            <version>${kogito.bom.version}</version>
            <type>pom</type>
            <scope>import</scope>
        </dependency>
    </dependencies>
</dependencyManagement>
<dependencies>
    <dependency>
        <groupId>org.springframework.boot</groupId>
        <artifactId>spring-boot-starter-actuator</artifactId>
    </dependency>
    <dependency>
        <groupId>org.kie.kogito</groupId>
        <artifactId>kogito-rules-spring-boot-starter</artifactId>
    </dependency>
</dependencies>
<build>
    <finalName>${project.artifactId}</finalName>
    <plugins>
        <plugin>
            <groupId>org.kie.kogito</groupId>
            <artifactId>kogito-maven-plugin</artifactId>
            <version>${version.org.kie.kogito}</version>
            <extensions>true</extensions>
        </plugin>
        <plugin>
            <groupId>org.springframework.boot</groupId>
            <artifactId>spring-boot-maven-plugin</artifactId>
            <executions>
                <execution>
                    <goals>
                        <goal>repackage</goal>
                    </goals>
```

```
                    </execution>
                </executions>
            </plugin>
        </plugins>
    </build>
</project>
```

创建项目的方式有很多：既可以基于原有 Spring Boot 与 Drools 集成的项目进行改造；也可以新创建简单 Maven 项目或 Spring Boot 项目，然后添加对应的依赖；当然也可以直接拿 Kogito 官方上 Kogito 与 Spring Boot 集成的示例来改造。

总之，当完成 Maven 项目创建之后，会引入 Spring Boot 的基础依赖。上述代码使用了 spring-boot-starter-actuator，它间接引入 Spring Boot Web 项目所需的依赖类库。对于 Kogito 的集成，只需要引入 kogito-rules-spring-boot-starter 即可。这个启动器（starter）会自动配置 Kogito，同时也会引入对应的 Drools 依赖类库。本书基于 Drools 8.33.0.Final 版本来讲解，对应的启动器版本为 1.33.0.Final。

Spring Boot 的最大特点就是它的启动器机制，当引入一个组件的启动器之后，不需要过多配置即可直接使用。至此，Spring Boot、Drools、Kogito 已经集成完毕，下面要按照约定来使用了。

8.2.3　业务改造与实现

业务场景和规则依旧采用 8.1 节的案例，由于基于 Kogito 的集成变动比较大，我在这里先直接讲解改造后的代码和规则，然后再与之前的实现方式进行比较。

保持不变的类有 GoodsOrder、DroolsAction 和 GoodsOrderUnit，这里就不再展示它们的代码了。

Spring Boot 的启动类要稍作改变，代码如下：

```
@SpringBootApplication(scanBasePackages = {"org.kie.kogito.**", "com.secbro2"})
public class SpringBootRestApplication {
    public static void main(String[] args) {
        SpringApplication.run(SpringBootRestApplication.class, args);
    }
}
```

对比之前的 Spring Boot 启动类，这里多了一个对 scanBasePackages 的指定，它的第二个值就是 Spring Boot 的默认扫描路径，无须关注。关键是第一个值，这是 Spring Boot 在启动时要新增的扫描包路径，也就是说要扫描 "org.kie.kogito" 这个包下的所有包含

Spring 注解的类，从名字应该可以看出，这个包下的类属于 Kogito。这里要特别注意，如果没有此指定，后续项目可能无法正常访问，后面会讲到原因。

关于业务类的改造就讲这么多了。有朋友可能会问，之前的 Controller 类和 Service 类呢？已经不再需要它们了，Kogito 会根据规则文件中的定义，帮助我们生成对应的访问端点。

下面先来看规则文件的改造，规则文件基本上与 8.1 节内容一致，但需要新增一些用于生成对外 REST API 的 query 语句。完整的规则文件内容如下：

```
package com.secbro2.unit;
unit GoodsOrderUnit;

import com.secbro2.utils.DroolsAction;

// 规则1: 金额小于100元 (Order#amount 单位为分)
rule "amount-less-than-100"
lock-on-active true
when
    $order : /goodsOrders[amount > 0, amount < 10000];
then
    DroolsAction.info("orderNo=" + $order.getOrderNo(), drools.getRule());
    // 无优惠折扣
    $order.setAmount($order.getAmount());
    $order.setCode("SUCCESS");
    $order.setMsg(" 无优惠折扣 ");
end

// 规则2: 金额为100～1000元
rule "amount-between-100-and-1000"
lock-on-active true
when
    $order : /goodsOrders[amount >= 10000, amount < 100000];
then
    DroolsAction.info("orderNo=" + $order.getOrderNo(), drools.getRule());
    // 优惠50元
    $order.setAmount($order.getAmount() - 5000);
    $order.setCode("SUCCESS");
    $order.setMsg(" 优惠50元 ");
end

// 规则3: 1000元以上
rule "amount-greater-than-1000"
lock-on-active true
when
    $order : /goodsOrders[amount >= 100000];
```

```
then
    DroolsAction.info("orderNo=" + $order.getOrderNo(), drools.getRule());
    // 优惠 200 元
    $order.setAmount($order.getAmount() - 20000);
    $order.setCode("SUCCESS");
    $order.setMsg(" 优惠 200 元 ");
end

// 规则 4: 金额小于或等于 0 元 (模拟失败情况)
rule "amount-less-than-0"
when
    $order : /goodsOrders[amount <= 0];
then
    DroolsAction.error("orderNo=" + $order.getOrderNo(), drools.getRule());
    // 模拟异常逻辑处理
    $order.setCode("ERROR");
    $order.setMsg(" 业务处理异常 ");
end

query QuerySuccessResult
    $order: /goodsOrders[code == "SUCCESS"]
end
```

要再次提醒大家的就是，规则单元类（GoodsOrderUnit）、规则文件物理路径、规则文件内的包路径，三者一定要保持一致，否则无法正常运行。

在上述规则文件的最后，我们看到了一个 query 函数，这个函数的基本含义就是查询 code 值为 "SUCCESS" 的事实对象。Kogito 会基于这个 query 函数生成对外可访问的端点。

至此，关于项目创建和业务改造已经讲解完毕。下面来验证是否可以正常使用。

在启动 Spring Boot 项目之前，我们一定要先编译，比如执行 Maven 的 compile 或 package 命令，我们后面再说明原因。执行完毕之后，通过 Spring Boot 的 main 方法启动项目，监听端口默认为 8080。

此时项目会对外暴露一个请求路径为 http://localhost:8080/query-success-result 的端点。该端点接收 POST 请求。这里通过 Linux 操作命令来访问该端点：

```
curl -X POST -H 'Accept: application/json' -H 'Content-Type: application/json' -d
    '{"goodsOrders": [{"amount": 20000}]}' http://localhost:8080/query-success-
    result
```

返回结果为：

```
[{"orderNo":null,"amount":15000,"code":"SUCCESS","msg":" 优惠 50 元 "}]
```

很显然，这触发了"规则 2"，并返回了计算成功之后的结果。与预期一样，说明与 Kogito 的集成可正常使用，集成完毕。

关于后续如何搭建 Kogito 云原生环境，如何把项目部署到云原生环境当中，这里就不再展开了，感兴趣的朋友可以参考 Kogito 官方文档，当然也可以尝试集成其他云原生组件。

8.2.4 基本原理讲解

现在已经将 Drools 与 Kogito 集成完毕，并且成功运行，但大家可能会有一个疑问：没有定义 Controller 等组件，就这么简单几个类和规则文件，就完成了 Kogito 的集成？是的，的确就是这么简单，主要原因就是 Kogito 来源于 Drools，并且为 Drools 量身打造了快速集成的工具类。下面我们就来简单了解一下基本原理。

在启动项目之前，一定要先编译一下。当执行编译之后，我们进入项目的 target/classes 目录或者解压 JAR 包，查看其中的 .class 类。可以看到，编译之后 Kogito 为我们生成了如此多的类：

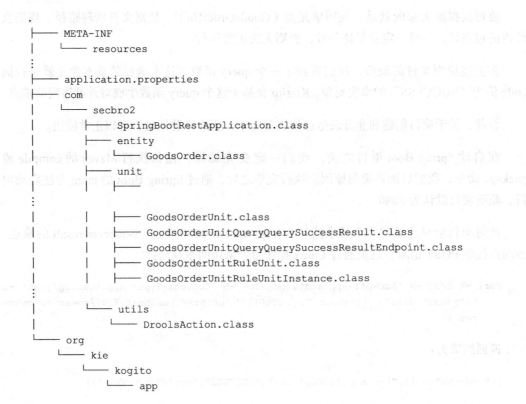

```
├── Application.class
├── ApplicationConfig.class
├── ConfigBean.class
├── GlobalObjectMapper$1.class
├── GlobalObjectMapper.class
├── KogitoObjectMapper$1.class
├── KogitoObjectMapper$DataStoreDeserializer.class
├── KogitoObjectMapper$DataStreamDeserializer.class
├── KogitoObjectMapper$SingletonStoreDeserializer.class
├── KogitoObjectMapper.class
├── RuleConfig.class
└── RuleUnits.class
```

上述目录文件省略了大量类，大家可以从案例项目中查看所有类。其中，我们重点关注 GoodsOrderUnitQueryQuerySuccessResultEndpoint.class 类文件，通过反编译，打开该 .class 文件，展示内容如下：

```java
package com.secbro2.unit;

import com.secbro2.entity.GoodsOrder;
import java.util.List;
import org.drools.ruleunits.api.RuleUnit;
import org.drools.ruleunits.api.RuleUnitInstance;
import org.springframework.beans.factory.annotation.Autowired;
import org.springframework.web.bind.annotation.PostMapping;
import org.springframework.web.bind.annotation.RequestBody;
import org.springframework.web.bind.annotation.RequestMapping;
import org.springframework.web.bind.annotation.RestController;

@RestController
@RequestMapping({"/query-success-result"})
public class GoodsOrderUnitQueryQuerySuccessResultEndpoint {
    @Autowired
    RuleUnit<GoodsOrderUnit> ruleUnit;

    public GoodsOrderUnitQueryQuerySuccessResultEndpoint() {
    }

    public GoodsOrderUnitQueryQuerySuccessResultEndpoint(RuleUnit<GoodsOrderUnit>
        ruleUnit) {
        this.ruleUnit = ruleUnit;
    }

    @PostMapping(
        produces = {"application/json"},
        consumes = {"application/json"}
    )
```

```
    public List<GoodsOrder> executeQuery(@RequestBody(required = true)
        GoodsOrderUnit unitDTO) {
        RuleUnitInstance<GoodsOrderUnit> instance = this.ruleUnit.
            createInstance(unitDTO);
        List<GoodsOrder> response = GoodsOrderUnitQueryQuerySuccessResult.
            execute(instance);
        instance.close();
        return response;
    }
    // …
}
```

可以看到，Kogito 在编译的过程中，为我们生成了基于 Spring Boot 注解的 REST API。其中请求的端点通过 @RequestMapping 指定为 "/query-success-result"。这个请求路径是从哪里来的？它就是基于规则文件中 query 函数的名称 "QuerySuccessResult" 得来的，把驼峰标识改成了基于连接号（-）的小写字母拼接。

也就是说，Kogito 进行项目编译时，会根据定义在规则文件中的 query 函数名称，为其生成对外可访问的端点。这样极大地节省了开发时间，也将 Drools 与 Kogito 进行了完美的集成。

当然，大家也可以看看其他生成类，比如 GoodsOrderUnitQueryQuerySuccessResult 中定义了调用规则中 query 方法的具体实现。这里我们就不再逐一讲解。

另外，在上面的目录结构中我们还看到了另外一个 org.kie.kogito 的包，它下面还有其他类文件。这些文件是用于初始化 Kogito 相关组件的，它们是基于 Spring 注解来实例化的。这也是刚才在 Spring Boot 启动类上面需要添加对应包路径扫描的原因。

前文也提到，在启动 Spring Boot 项目之前，要先执行编译操作，这也是为了让 Kogito 在编译过程中生成这些额外的类和对外端点。

了解了 Kogito 这个层面的运作原理，我们基本上就可以正常使用了。如果大家需要更多的对外端点，则可在规则文件中添加。关于更底层的实现，那就属于 Kogito 组件内部实现的内容了，这里不做过多展开。关于其他资产，比如流程、DMN、决策表等与 Kogito 的集成，大家参考官方示例即可。

8.3　Kogito Tooling 工具包

在基于 Kogito 进行 Drools 项目的开发和云部署之后，规则文件的创建和编辑便更适合通过外部工具来实现。官方也想到了这一点，正在逐步完善和提供一套 KIE-Tools（Tools for KIE）工具项目，也称作 Kogito Tooling。该项目的更新迭代也是非常快的，如果想要的某些工具组件在最新版本中找不到，可以从历史版本中找一找。

访问 https://github.com/kiegroup/kie-tools/releases，可看到目前提供的所有工具包及发布历史。以 Kogito Tooling 0.28.0 版本为例，可以看到各类工具、插件、源码等，如图 8-1 所示。

▼ Assets　20		
bpmn_vscode_extension_0.28.0.vsix	10.3 MB	3 days ago
chrome_extension_kogito_kie_editors_0.28.0.zip	141 KB	3 days ago
chrome_extension_serverless_workflow_editor_0.28.0.zip	140 KB	3 days ago
dmn_vscode_extension_0.28.0.vsix	24.8 MB	3 days ago
kie_sandbox_extended_services_linux_0.28.0.tar.gz	31.7 MB	3 days ago
kie_sandbox_extended_services_macos_0.28.0.dmg	34.9 MB	3 days ago
kie_sandbox_extended_services_windows_0.28.0.exe	94.9 MB	3 days ago
kn-workflow-darwin-amd64-0.28.0	7.28 MB	3 days ago
kn-workflow-darwin-arm64-0.28.0	7.15 MB	3 days ago
kn-workflow-linux-amd64-0.28.0	7.41 MB	3 days ago
kn-workflow-windows-amd64-0.28.0.exe	7.47 MB	3 days ago
pmml_vscode_extension_0.28.0.vsix	6.09 MB	3 days ago
serverless_workflow_vscode_extension_0.28.0.vsix	9.19 MB	3 days ago
vscode_extension_dashbuilder_editor_0.28.0.vsix	20.4 MB	3 days ago
vscode_extension_dev_0.28.0.vsix	21.4 MB	3 days ago
vscode_extension_kie_ba_bundle_0.28.0.vsix	2.02 MB	3 days ago
vscode_extension_kogito_bundle_0.28.0.vsix	14.3 MB	3 days ago
vscode_extension_serverless_workflow_editor_0.28.0.vsix	9.19 MB	3 days ago
Source code (zip)		5 days ago
Source code (tar.gz)		5 days ago

图 8-1　Kogito Tooling 0.28.0 版本

可以看到，Kogito Tooling 提供了各类资产文件的编辑工具，同时还提供了各类插件支持（比如，基于 VS Code、Chrome 浏览器等）。比如，当下载 kie-sandbox 安装文件，并在本地安装之后，执行软件的“Open Business KIE Sandbox”，可在浏览器打开 KIE Sandbox 界面，如图 8-2 所示。

可在沙盒（Sandbox）环境中进行 Workflow（工作流）、Decision（决策）、Scorecard（记分卡）等可视化编辑和操作。至于其他工具包和插件，大家可以根据需要进行安装和尝试。当然，Kogito Tooling 只是为大家提供了一个定制化的、可选的规则资源编辑工具。如果你有用得顺手的其他工具，使用其他工具即可，这并不影响最终结果。

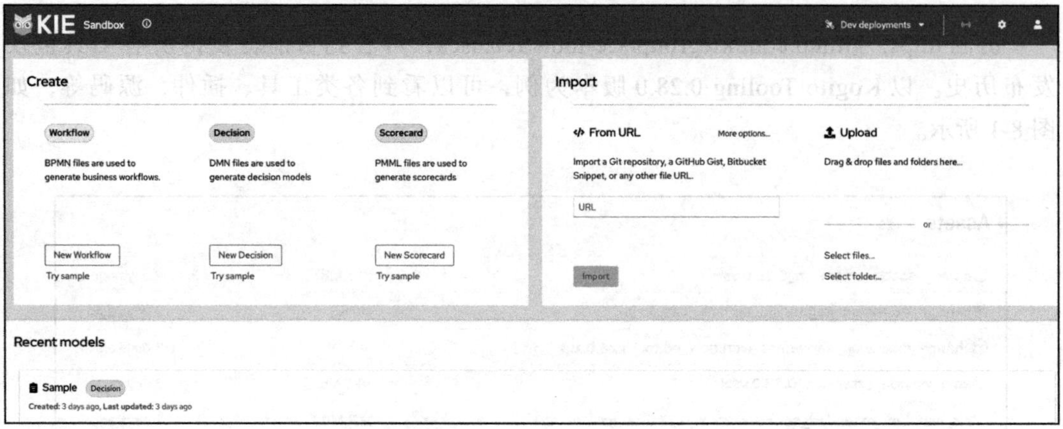

图 8-2　KIE Sandbox 界面

第 9 章 *Chapter 9*

转转图书的 Drools 实战

前面大家学习了 Drools 与 Spring Boot 的集成以及基于 Kogito 云原生方式的部署和实践。这些方案都是基于最基础的 DRL 文件形式来实现的，本章我们将以 DMN 图形化的方式来进行决策建模。本章中的案例与设计思路将参考转转图书项目中的实战案例，以便为大家提供更接近实战的使用案例。

在本章中，大家将会学到 DMN 的基本知识、DMN 的决策建模、DMN 与 Drools 项目集成等相关理论和实战知识。

9.1 什么是 DMN

DMN（Decision Model and Notation，决策模型和符号）是一种业务决策建模标准，由 OMG 组织制定。DMN 致力于提供一种通用、易于理解和实现的方法，以表示和执行企业级业务决策。通过使用图形化表示、决策表和表达式语言（如 FEEL），DMN 可以使决策模型对非技术人员而言更加直观和易于理解。此外，DMN 还可以与其他业务规则、流程和复杂事件处理系统集成，实现跨功能协作。

DMN 可以作为 Drools 的一部分使用，通过 Drools DMN 引擎实现决策模型的执行。这使得业务决策可以表示得更加直观、简洁，同时便于与其他 Drools 组件进行集成。

9.1.1 DMN 的基本组成

DMN 主要由以下部分组成：

- ❑ DRD（Decision Requirements Diagram，决策需求图）：DRD 是一种图形化表示，用于表示决策、输入数据、知识源等元素之间的关系。DRD 可以帮助理解决策模型的结构、依赖关系和执行顺序。
- ❑ 决策表：决策表是一种表格表示，用于表示决策逻辑。决策表由输入、输出和规则组成，可以直观地描述不同输入条件下的决策结果。
- ❑ FEEL（Friendly Enough Expression Language，足够好的表达语言）：FEEL 是一种表达式语言，用于表示决策逻辑、计算和条件。FEEL 旨在提供一种简洁、易于阅读和编写的表达式方式，使非技术人员也能轻松理解和使用。FEEL 支持各种数据类型、操作符和函数，可以应用于决策表、业务知识模型和复杂计算等场景。

以上 3 个部分都将在后面的 DMN 决策建模过程中遇到，大家可参照案例进行理解和学习。

9.1.2 DMN 与 DRL 的区别

我们知道，DRL 是 Drools 规则引擎的核心语言，用于定义业务规则和逻辑。DMN 可以作为 Drools 的补充，实现更加直观和简洁的决策表示。DRL 和 DMN 可以在 Drools 中共同使用，但二者又有一些不同。

- ❑ 在表现形式方面，DMN 使用图形化表示和决策表进行决策建模，易于理解和沟通；而 DRL 是一种基于文本的规则语言，需要编写代码来表示规则。
- ❑ 在目标受众方面，DMN 主要面向非技术人员，如业务分析师、决策制定者等；而 DRL 更适合程序员和技术人员使用。
- ❑ 在表达能力方面，DMN 主要用于表示决策逻辑，适用于简单到中等复杂度的决策场景；而 DRL 具有更强大的表达能力，可用于表示复杂的业务规则和逻辑。

总之，DMN 和 DRL 在业务规则和决策管理领域有不同的定位和功能。根据实际需求和目标受众的不同，大家可以灵活选择 DMN 或 DRL。

9.1.3 DMN 合规等级与 Drools 支持

DMN 合规性有 3 个等级，它们主要描述了在使用 DMN 时，决策引擎需要支持的功能范围。

- ❑ DMN1.1：第 1 级 DMN（DMN Level 1），基本决策建模（Basic Decision Modeling）。主要关注基本的决策建模需求，支持 DRD 的基本元素，支持决策表的基本功能，支持部分 FEEL 表达式等。

❑ DMN1.2：第 2 级 DMN（DMN Level 2），高 级 决 策 建 模（Advanced Decision Modeling）。在第 1 级的基础上提供更丰富的决策建模功能，主要支持上下文（Context）元素，支持更丰富的 FEEL 表达式和操作，支持 FEEL 的内置函数，支持自定义 FEEL 函数和 Java 函数的调用等。

❑ DMN1.3：第 3 级 DMN（DMN Level 3），完整决策建模（Full Decision Modeling）。第 3 级是 DMN 的最高合规性等级，支持更复杂的决策逻辑，支持扩展 FEEL 语言，支持与其他规则引擎、业务流程管理系统和复杂事件处理系统的集成，支持性能优化、模型验证和测试等高级功能等。

DMN 规范规定，实现其规范的软件必须满足 3 级递增的合规性要求。其中，第 3 级最高，第 1 级最低；满足第 3 级时必须同时满足第 1 级和第 2 级。Drools 引擎对 DMN 规范的支持属于第 3 级，也就是说 100% 支持 DMN 规范。这也是转转图书项目在技术选型时，选择 Drools 和 DMN 相结合的原因之一。

在简单了解了什么是 DMN 之后，我们便以具体的实践案例来进一步学习如何使用 DMN。在后续章节中我将从技术选型、使用场景、具体建模、集成方案等方面来逐步介绍 DMN 在 Drools 中的使用。

9.2　项目技术选型

在项目技术选型时，鉴于 Drools 开发社区的活跃度以及 Drools 对 DMN 的完全支持，Drools 和 DMN 成为转转图书项目实现方案的首选。

在实践中，还有一个很重要的选型因素，那就是业务需求，也就是业务场景的需要。此案例中，随着转转图书项目的发展，一个较为棘手的问题出现了：定价逻辑变得越来越复杂。在引入 DMN 之前，采用 Java 代码来实现产品人员提供的定价逻辑。然而，随着逻辑不断复杂化，定价逻辑的代码变得难以阅读和维护。此外，将产品人员的逻辑翻译成代码是一个单向过程，只有程序员才能理解实现过程，产品人员只能通过结果反推是否正确合理。当逻辑变得越来越复杂时，快速发现问题变得越来越困难。这也是 Drools 规则引擎适用的典型场景之一。

为了解决这一问题，技术团队决定在项目中采用 DMN 的方式。DMN 可以将决策逻辑以可视化的方式表示出来，使产品人员也能直观地看到决策逻辑是否符合预期，甚至可以直接进行编辑。这样就解决了过度依赖程序员的问题，减轻了程序员的负担。同时，这种方式还能降低表述交流过程中产生的理解偏差，从而避免错误。

下面详细探讨如何使用 Drools 和 DMN 的解决方案，为项目提供一个更加高效、可靠且易于维护的实现方式。

9.3 业务场景简介

在开始实现业务逻辑之前，我们先来看一下具体的业务场景。这里并未采用真实业务场景中的规则来实现，而是借鉴其实现方式，构造一个简单且相似的业务场景来进行演示。

这里将通过一个基于图书售卖折扣的案例场景来说明如何使用 DMN。在这个案例中，我们根据图书的输入信息（主要是价格）与 DMN 规则表中的计算系数和规则来生成最终售价。

假设在线图书商店中提供各种类别的图书，如小说类、教育类、科技类等。为了提高销售额，根据图书的类别、出版日期和原价制定了一系列折扣策略。我们希望通过 DMN 来实现这些折扣策略，以便能够更加灵活地调整和管理。

输入数据：需要为 DMN 模型提供图书类别（如小说类、教育类、科技类等）、出版日期（如 2021 年、2020 年等）、原价（如 100 元、150 元等）等输入数据。

DMN 规则表：创建一个 DMN 决策表，该决策表包含以下内容：输入列，如图书类别、出版日期和原价；输出列，如折扣系数。规则行，即根据不同的图书类别、出版日期和原价范围来确定折扣系数。

规则如下：

- ❑ 规则 1：小说类，2021 年出版，原价在 100 元以下的图书，折扣系数为 0.9。
- ❑ 规则 2：小说类，2021 年出版，原价在 100 元及以上的图书，折扣系数为 0.8。
- ❑ 规则 3：教育类，2020 年出版，原价在 150 元以下的图书，折扣系数为 0.85。
- ❑ 规则 4：科技类，2019 年出版，原价在 200 元以下的图书，折扣系数为 0.75。
- ❑ 其他规则。

决策逻辑：通过应用 DMN 规则表中的折扣系数，我们可以根据以下公式计算图书的最终售价：最终售价 = 原价 × 折扣系数。

结果输出：当激活 DMN 规则表后，我们会得到计算后的最终售价。

在这个案例场景中，我们可以充分利用 DMN 的灵活性和易用性。在实际应用中，我们可以根据业务需求随时调整折扣策略，而无须修改代码。同时，DMN 模型也易于理解和维护，使得非技术人员也能参与折扣策略的制定和调整。

了解了基础的场景之后，我们来看具体的业务实现。

9.4　DMN 建模工具选择

了解了具体的业务场景之后，我们需要选择一款 DMN 建模工具来对规则进行可视化的操作和构建。在 Drools 6 和 7 中，官方推荐的方案是：基于 Business Central 提供的 DMN 建模工具来编辑、测试和发布 DMN 规则；基于 KIE Server 来部署和执行 DMN 规则，并通过 KIE Server 提供的 REST API 来供业务系统调用并获取规则执行结果。但在 Drools 8 中，Business Central 和 KIE Server 已经被移除，我们必须选择其他方案。同时，在某些系统中，受限于原有业务系统的技术框架、Web 容器、部署运维成本等，即便采用 Drools 7 等版本，但为了兼容现有的系统和适应技术团队情况，也需要采用其他方案来代替官方的推荐方案。

在本案例中，我们不再使用 Business Central 和 KIE Server，而是选择 Kogito 提供的在线编辑 BPMN 和 DMN 服务软件。在 Drools 8 中，通常有 3 种方式可以用来编辑 DMN 规则，我们可以根据需要进行选择。

第 1 种方式，基于 Kogito Tooling 工具包实现。关于这种方式的实现，参见上一章。下载 kie-sandbox 安装文件，并在本地安装，执行软件的 "Open Business KIE Sandbox"，可在浏览器中打开 KIE Sandbox 界面，在沙盒环境中可进行 DMN 的编辑和操作，如图 9-1 所示。当编辑完毕之后，可下载对应的 DMN 文件，在项目中使用。

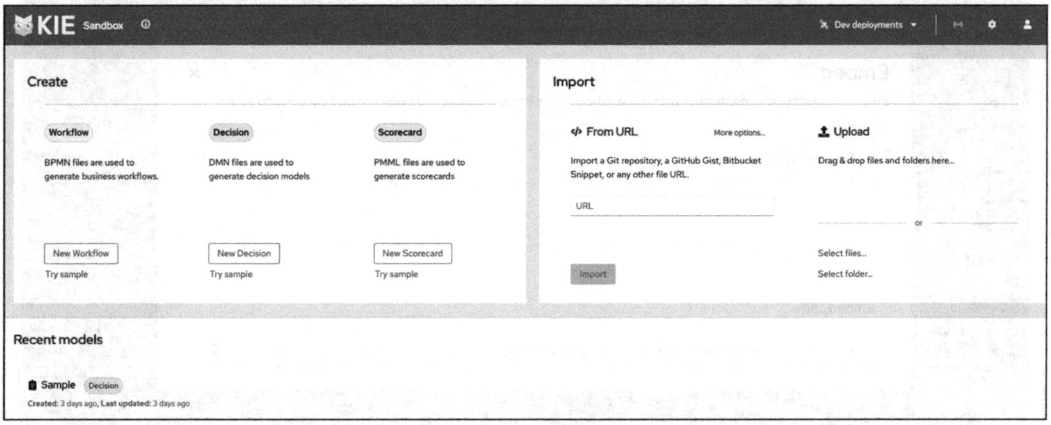

图 9-1　KIE Sandbox 界面

可在沙盒环境中进行 Workflow、Decision、Scorecard 等可视化编辑和操作，编辑完成之后下载对应的资产文件即可。

第 2 种方式，基于在线的沙盒进行编辑。访问地址为 https://sandbox.kie.org/，显示界面与图 9-1 所示基本一致，可在此通过在线服务进行 DMN 规则的编辑，并下载。如果需要部署（"Dev deployments"），则仍然需要先在本地安装第 1 种方式的客户端。当然，也可以直接在 DMN 规则编辑页面选择"Share"→"Embed"→"Current Content"→"Embed Code"，复制 iframe 标签直接到 Web 应用程序当中，如图 9-2 和图 9-3 所示。

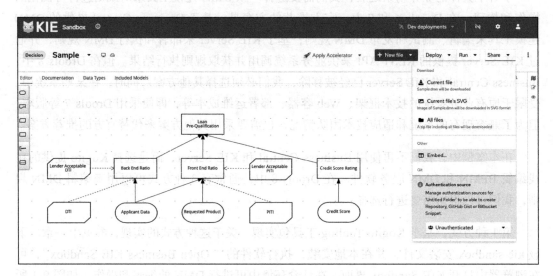

图 9-2 KIE Sandbox iframe 集成

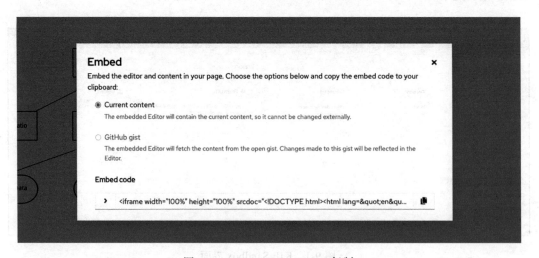

图 9-3 KIE Sandbox iframe 复制

在 iframe 被集成到 Web 应用中之后，便可在 Web 应用中进行 DMN 规则建模了。至于结果的保存以及规则操作记录的管理，可根据需要在业务管理后台进行扩展。

第 3 种方式，采用其他 DMN 编辑器进行编辑，然后将结果引入项目当中。Kogito Tooling 工具包提供了各类 IDE 的编辑器支持，可根据需要进行选择。

这里为了方便操作，我们直接采用第 2 种方式，在线编辑之后，将下载、引入项目当中。

9.5　DMN 建模实现

确定了业务场景、规则以及 DMN 编辑器之后，下面大家可以一步步进行 DMN 规则的制定和操作了。

1）访问 https://sandbox.kie.org/，在打开的页面（见图 9-1），选择"New Decision"。

2）在弹出的窗口中输入模型名称"BookDiscountStrategy"，见图 9-4 所示。

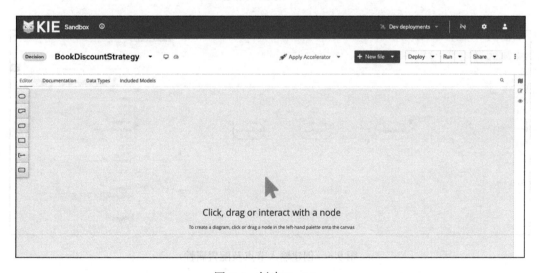

图 9-4　创建 Decision

当然，也可以在图 9-4 的右上角单击"New file"，继续创建更多资产文件。

3）输入定义数据。在左侧的"Data Types"面板中，创建 3 个新的数据类型（见图 9-5）：

❑ 图书类别（BookCategory），选择"string"作为类型。

❑ 出版日期（PublishYear），选择"number"作为类型。

❑ 原价（OriginalPrice），选择"number"作为类型。

4）创建输入节点。在 DMN 模型设计器（Editor 界面）中，从左侧面板拖拽三个"Input

Data"（左侧第 1 个椭圆框）节点到画布上，分别命名为"BookCategory""PublishYear"和"OriginalPrice"，并分别设置其数据类型为"BookCategory""PublishYear"和"OriginalPrice"，如图 9-6 所示。

图 9-5　创建数据类型

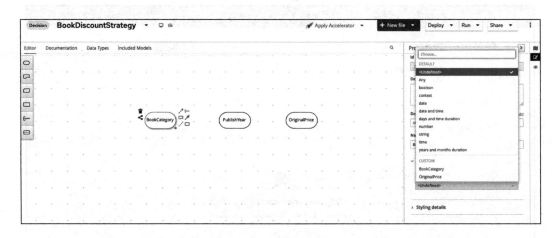

图 9-6　创建输入节点及配置属性

拖拽完成之后，选中某节点，可在界面右侧的编辑图标处设置其数据类型（Data Type）。

5）创建决策节点。从左侧面板拖拽一个"Decision"节点到画布上，命名为"DiscountCoefficient"，并设置其数据类型为"number"，如图 9-7 所示。

6）定义决策表。单击"DiscountCoefficient"决策节点，单击左侧显示的编辑器的图标，创建一个新的决策表，图 9-8 中所示的 Edit 图标是创建或编辑决策表的入口。添加 3 个输入列（BookCategory、PublishYear 和 OriginalPrice），分别关联到相应的输入节点，并设置其数据类型。添加一个输出列（折扣系数），设置其数据类型为"number"。

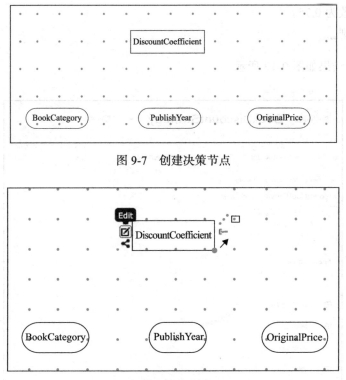

图 9-7　创建决策节点

图 9-8　创建或编辑决策表的入口

在图 9-9 所示界面中，依次选择" Select expression"→" Decision table"，进行决策表的创建。

图 9-10 所示为创建的 3 个输入列（BookCategory、PublishYear 和 OriginalPrice）和输出列（折扣系数）。

图 9-11 所示为主界面，将 3 个输入节点关联到决策节点上。关联方法即拖拽图 9-11 中 BookCategory 右下角的箭头到 DiscountCoefficient 决策节点上。

7）添加规则行。在决策表中添加规则行，填写各列的条件和结果。

❑ 规则 1：BookCategory 为"小说"，PublishYear 为"2021"，OriginalPrice 小于 100，折扣系数为 0.9。

❑ 规则 2：BookCategory 为"小说"，PublishYear 为"2021"，OriginalPrice 大于等于 100，折扣系数为 0.8。

❑ 规则 3：BookCategory 为"教育"，PublishYear 为"2020"，OriginalPrice 小于 150，折扣系数为 0.85。

❑ 规则 4：BookCategory 为"科技"，PublishYear 为"2019"，OriginalPrice 小于 200，

折扣系数为 0.75。

❑ 其他规则。

配置完毕，结果如图 9-12 所示。

图 9-9　创建决策表

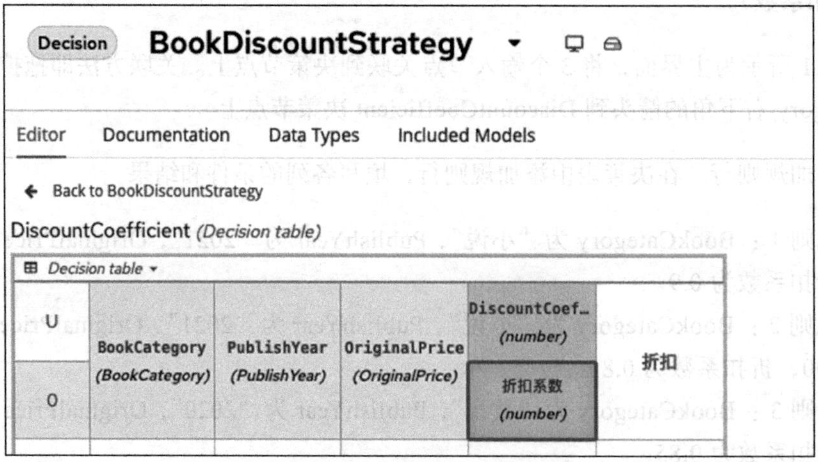

图 9-10　输入列和输出列

DiscountCoefficient
BookCategory
Create DMN Information Requirement
OriginalPrice

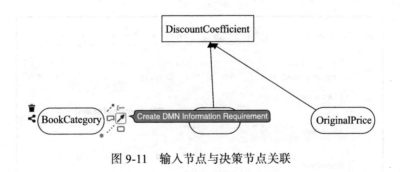

图 9-11 输入节点与决策节点关联

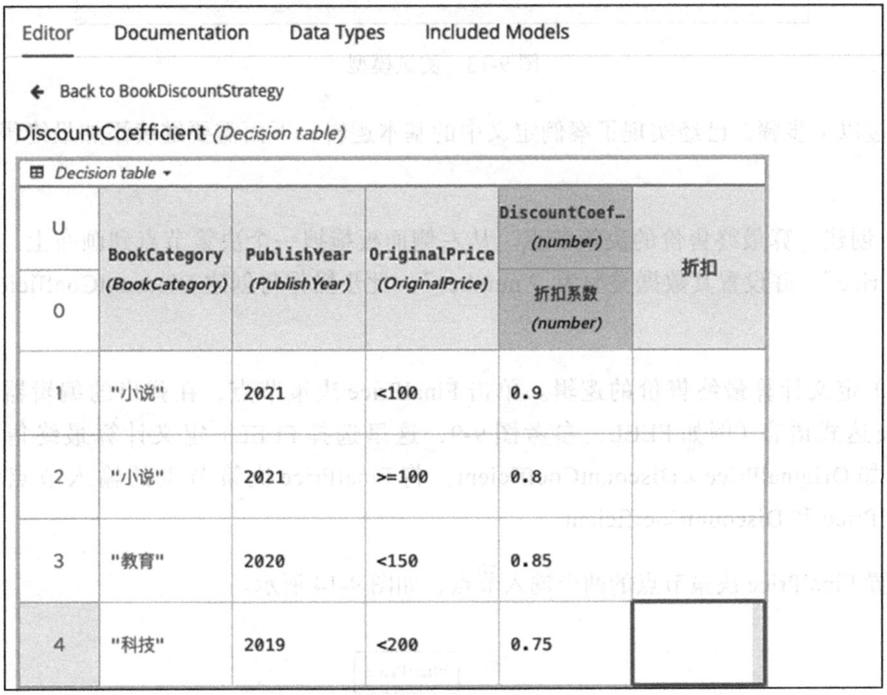

Editor
Documentation
Data Types
Included Models
Back to BookDiscountStrategy
DiscountCoefficient (Decision table)
Decision table

U / O	BookCategory (BookCategory)	PublishYear (PublishYear)	OriginalPrice (OriginalPrice)	DiscountCoef… (number) 折扣系数 (number)	折扣
1	"小说"	2021	<100	0.9	
2	"小说"	2021	>=100	0.8	
3	"教育"	2020	<150	0.85	
4	"科技"	2019	<200	0.75	

图 9-12 配置规则

在图 9-12 所示界面中配置规则时需注意，对字符串类型需要添加双引号，默认可以不添加等号，要明确指明大于等于、小于等于符号。在配置时，底部会有一个“Problems”窗口，提示配置是否出错及显示错误提示信息。

8）测试模型。单击图 9-13 所示界面右上角的“Run”，进入运行面板。在“Inputs”中，单击“+”号可创建一个新的测试场景。为测试场景提供输入数据（例如：BookCategory 为“小说”，PublishYear 为“2021”，OriginalPrice 为 80），观察输出结果（例如：DiscountCoefficient 为 0.9），从而验证模型的正确性。

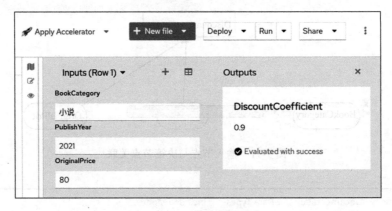

图 9-13　测试模型

通过以上步骤，已经实现了案例定义中的基本逻辑。下面需要继续添加最终售价的计算逻辑。

9）创建计算最终售价的决策节点。从左侧面板拖拽一个决策节点到画布上，命名为"FinalPrice"，并设置其数据类型为"number"。此步操作与创建 DiscountCoefficient 节点相同。

10）定义计算最终售价的逻辑。单击 FinalPrice 决策节点，在弹出的编辑器中使用 DMN 表达式语言（例如 FEEL，参考图 9-9，这里选择 FEEL）定义计算最终售价的逻辑，例如 OriginalPrice × DiscountCoefficient。将 FinalPrice 决策节点的输入节点设置为 OriginalPrice 和 DiscountCoefficient。

设置 FinalPrice 决策节点的两个输入节点，如图 9-14 所示。

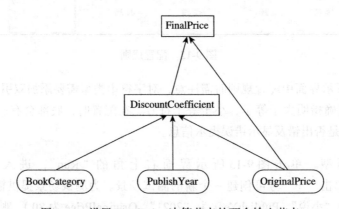

图 9-14　设置 FinalPrice 决策节点的两个输入节点

编写 DMN 表达式，并测试，如图 9-15 所示。

图 9-15　编写 DMN 表达式并测试

由图 9-15 所示界面右侧的运行结果可知，最终结果等于 80 元 × 0.9（折扣系数），最终价格为 72 元。模型的正确性验证完毕。

通过以上步骤，在 KIE Sandbox 中实现和测试了场景案例的实现逻辑。在此过程中，我们也亲身体验了基于 DMN 的可视化编辑步骤，达到了可以根据业务需求随时调整折扣策略而无须修改代码的目的，使得非技术人员也能参与折扣策略的制定和调整。

9.6　Drools 集成 DMN

在上一小节当中，我们已经完成了 DMN 决策规则的编写，接下来要做的就是将其集成到项目当中，或通过构建成 KJAR 供其他项目使用。

DMN 决策的集成方式与 Drools 规则的集成方式非常相似，同样可以通过 Drools 8 的传统语法风格和规则单元语法风格来完成。当然，DMN 决策也可以直接引入项目中使用，还可以用 KJAR 等方式使用。

这里只进行简单的案例演示，以完善整个 DMN 的集成步骤。关于其他各种风格及方式的变化，大家可参考之前章节和业务需求来进行改造。

9.6.1　DMN 决策导出

前面我们通过在线的 KIE Sandbox 完成了 DMN 决策的编写，Sandbox 本身也提供了对其内构件的决策资产的使用形式，比如提供了在 Dev（开发）环境下的直接部署方式、DMN 格式文件的下载方式、基于 iframe 的集成方式、基于 Git 的集成方式等。这里我们重点介绍 DMN 文件下载的方式，对于其他使用形式大家可自行研究一下。

单击图 9-16 所示 KIE Sandbox 右上角的"Share"，选择以"Current file"的形式下载 DMN 格式的决策文件。

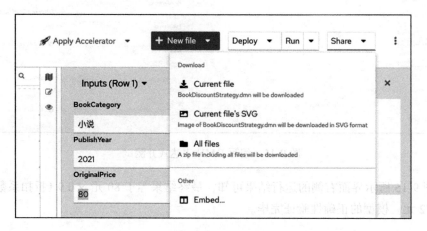

图 9-16　下载 DMN 格式的决策文件

文件下载完毕，名字为"BookDiscountStrategy.dmn"，暂时保存在本地，以备日后使用。

9.6.2　创建 Drools 项目

关于创建 Drools 规则引擎的项目，前面已多次介绍，这里不再赘述。项目创建完毕，对应的 pom.xml 依赖文件配置如下：

```
<properties>
        <maven.compiler.source>11</maven.compiler.source>
        <maven.compiler.target>11</maven.compiler.target>
        <project.build.sourceEncoding>UTF-8</project.build.sourceEncoding>
        <drools.version>8.33.0.Final</drools.version>
    </properties>
    <dependencies>
        <dependency>
            <groupId>org.kie</groupId>
            <artifactId>kie-dmn-core</artifactId>
            <version>${drools.version}</version>
        </dependency>
    </dependencies>
    <build>
        <plugins>
            <plugin>
                <groupId>org.kie</groupId>
```

```
            <artifactId>kie-maven-plugin</artifactId>
            <version>${drools.version}</version>
            <extensions>true</extensions>
        </plugin>
      </plugins>
    </build>
```

相比普通的 Drools 项目，这里仅引入 kie-dmn-core 即可，它会间接引入 drools-core、kie-api 和 kie-dmn-api 等相关依赖。

完成项目创建之后，将下载的 DMN 文件（BookDiscountStrategy.dmn）添加到项目资源目录，这里放在了项目的 src/main/resources 目录下。同时，留意 BookDiscountStrategy.dmn 中定义的 namespace 和 name 值。

9.6.3　编写业务代码

最后，基于 Drools 提供的 API，编写 Java 代码用来加载和执行 DMN 模型。

```java
import org.kie.api.KieServices;
import org.kie.api.builder.KieBuilder;
import org.kie.api.builder.KieFileSystem;
import org.kie.api.builder.KieRepository;
import org.kie.api.builder.ReleaseId;
import org.kie.api.runtime.KieContainer;
import org.kie.dmn.api.core.DMNContext;
import org.kie.dmn.api.core.DMNModel;
import org.kie.dmn.api.core.DMNResult;
import org.kie.dmn.api.core.DMNRuntime;
import org.kie.dmn.core.impl.DMNContextImpl;

import java.math.BigDecimal;

public class DMNIntegrationExample {
    public static void main(String[] args) {
        // 初始化 KIE 服务
        KieServices kieServices = KieServices.Factory.get();
        // 创建 KieFileSystem
        KieFileSystem kieFileSystem = kieServices.newKieFileSystem();
        kieFileSystem.write(kieServices.getResources()
            .newClassPathResource("BookDiscountStrategy.dmn"));
        // 创建 KieBuilder
        KieBuilder kieBuilder = kieServices.newKieBuilder(kieFileSystem);
        kieBuilder.buildAll();
        // 创建 KieContainer
        KieRepository kieRepository = kieServices.getRepository();
```

```
        ReleaseId releaseId = kieRepository.getDefaultReleaseId();
        KieContainer kieContainer = kieServices.newKieContainer(releaseId);
        // 获取 DMN 运行时
        DMNRuntime dmnRuntime = kieContainer.newKieSession().getKieRuntime
            (DMNRuntime.class);
        // 加载 DMN 模型
        DMNModel dmnModel = dmnRuntime.getModel("https://kiegroup.org/dmn/_
            EF742D4B-DEED-4406-A728-F82558A6FF7A", "BookDiscountStrategy");

        // 创建 DMN 上下文并设置输入数据
        DMNContext dmnContext = new DMNContextImpl();
        dmnContext.set("BookCategory", "小说");
        dmnContext.set("PublishYear", 2021);
        dmnContext.set("OriginalPrice", 80);

        // 执行 DMN 模型
        DMNResult dmnResult = dmnRuntime.evaluateAll(dmnModel, dmnContext);
        // 获取输出结果
        BigDecimal finalPrice = (BigDecimal) dmnResult.getDecisionResultByName
            ("FinalPrice").getResult();
        System.out.println("最终售价：" + finalPrice);
    }
}
```

由于 DMN 决策资源是直接存放在项目当中的，因此直接使用 KieFileSystem 加载 DMN 文件，并通过 DMN 运行时（DMNRuntime）获取对应的模型即可使用。在获取模型时，getModel 方法需要指定两个参数，第一个参数便是 BookDiscountStrategy.dmn 中 namespace 的值，第二个参数便是 BookDiscountStrategy.dmn 中 name 的值。

执行程序，打印结果如下：

最终售价：72.0

执行结果符合预期，至此，整个集成及 DMN 规则建模验证完毕。

当然，上面的案例是在项目中直接集成并使用 DMN 决策资源，如果你需要以 KJAR 形式提供，以 Kogito、Spring Boot 等形式部署，可参考前面的章节进行改造，这里就不再展开了。

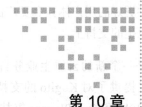

第 10 章　*Chapter 10*

自建 Drools BRMS 实战

随着企业业务的不断发展和需求的多样化，企业自建的 BRMS 逐渐显现出它强大的优势，它也将成为企业实现业务逻辑与业务策略自动化管理的重要工具。本章重点为大家介绍自建 Drools BRMS 相关的设计经验。

本章内容会涉及：关于自建 BRMS 的基础理论知识、流程步骤，以及从开发实现到系统部署与维护等方面的设计思路、经验分享，以及部分示例代码。受限于篇幅和业务场景的不同，本章会控制代码实现部分的内容，仅展示核心内容的设计与实现。大家可参考相关设计思路以及在前面学到的基础知识和实践案例，选择适合自己的方案，设计适合自己的系统架构。

10.1　Drools BRMS 简介

在自建 BRMS 之前，我们非常有必要了解一下 Drools 官方在 Drools 8 之前提供的 BRMS，虽然它有很多不足，但它是最好的可借鉴案例和参考资料。

Drools BRMS 提供了一整套工具和组件，包括规则引擎、规则编写与管理、版本控制以及规则发布等功能，帮助企业实现业务规则的自动化管理。对于国外用户和开发者来说，Drools BRMS 也许仍是非常优秀的，但随着国内企业业务的不断发展、需求的多样化以及国内外技术栈的不同，国内企业自建 BRMS 的需求变得迫切。

从 Drools 8 开始，官方决定不再提供 KIE Server 和 Business Central 的支持。原因在于它们在实际应用中存在一定的局限性，如集成、管理复杂度、性能开销、技术栈兼容等问题。为了提供更好的用户体验和更广泛的应用场景，Drools 8 将重心放在了核心功能的优化扩展以及云原生的支持上。

Kogito 是一个新的云原生业务自动化框架，旨在简化现代化业务应用的开发和部署。Drools 8 正式提供了对 Kogito 的支持，以便更好地适应云原生应用的需求。Kogito 整合了 Drools、jBPM 和 OptaPlanner 等技术，提供了一套完整的业务自动化解决方案。通过 Kogito 和 Drools 8 可以实现轻量级、高性能的规则引擎，更好地满足企业在云原生环境下的业务规则管理需求。关于云原生的相关内容我们前面已经实践过，它也属于自建 BRMS 的方案之一。

10.2 自建 BRMS 的优势

自建 BRMS 的缺点很明显，那就是可能需要投入大量人力，需要由拥有专业知识的人才进行设计指导，以及会有比较长的开发周期。但与此同时，自建 BRMS 也有许多优势，主要体现在如下方面：

- ❏ **灵活性与定制化**：可以根据企业的特定需求进行定制开发，以满足各种业务场景和应用的需求；可以更加灵活地调整和优化系统功能、性能、集成方式等，以适应业务的不断发展和变化。
- ❏ **高度集成和扩展性**：可以更好地与企业现有的应用和基础设施集成，实现业务规则管理与其他业务系统的无缝对接。此外，自建 BRMS 具有良好的扩展性，便于根据业务需求对系统进行扩展和升级，提高系统的可维护性和可持续性。
- ❏ **成本控制**：可以帮助企业有效控制成本，避免商业解决方案（购买商业版本）中可能存在的高昂许可费、维护费等开支。自建 BRMS 的开发、部署和维护成本相对较低，企业可以根据实际需求和预算灵活调整，实现成本与效益的平衡。
- ❏ **数据安全**：数据安全对于许多企业来说是至关重要的。自建 BRMS 可以确保企业数据的安全，避免将敏感信息泄露给第三方。企业还可以根据自身的安全策略和要求，对系统进行数据安全防护和监控，降低数据泄露和安全风险。

在决定是否使用自建的 BRMS 之前，除了前面提到的技术层面的限制之外，企业还需要考虑自建 BRMS 的优势是否与自身场景相符合。如果能够满足上述一点或几点，则企业可以考虑自建 BRMS，但如果只是在小范围功能上使用业务规则管理，则可以考虑直接集成 Drools，以提供简单的 BRMS 功能。总之，行动之前企业需要根据业务场景慎重决策。

接下来我将讲解自建 BRMS 的基本步骤、技术选型以及相关设计经验和实现代码。

10.3 自建 BRMS 的基本步骤

在开始分享具体的设计思想和经验之前,我们先了解一下自建 Drools BRMS 的基本步骤。自建 BRMS 通常包括以下 5 个基本步骤。

第 1 步 系统需求分析。

在开始之前,首先需要进行详细的系统需求分析。需求分析的主要目的是确定是否采用自建 BRMS,以及评估系统的功能、性能、安全等方面的需求,为后续的系统设计和实施提供依据。这个过程中的重点是需要与业务团队、技术团队以及相关利益方进行充分沟通,确保需求的准确性和完整性。

第 2 步 设计系统架构。

在完成需求分析之后,需要根据收集到的信息设计 BRMS 的整体架构。系统架构设计的主要目标是确定系统的模块划分、接口设计、数据结构等关键要素,以及确定如何与现有系统交互和融合。当然,通常的可维护性、可用性和性能等因素就更不必再说了。BRMS 的主要用户群之一就是业务人员,怎么才能让业务人员能够更明确、更方便地进行操作也是设计人员要考虑的核心之一。

第 3 步 选择技术栈。

根据系统架构设计,需要选择合适的技术栈来实现 BRMS。技术栈的选择涉及多个因素,如技术成熟度、社区支持、开发效率、性能、团队成员技术水平等。在选择技术栈时,建议采用与企业现有技术栈一致或兼容的技术,以降低技术风险和学习成本。

第 4 步 开发与实现。

在完成技术栈选择后,就是 BRMS 的开发和实现了。这个过程涉及每部分功能的实现设计,以及如何将 Drools 的 API、UI 界面、三方组件相结合来完成功能开发。这也是一个与业务相互沟通、不断迭代优化的过程。本章的重点也在这一步。

第 5 步 系统部署与维护。

在完成系统开发后,需要进行系统的部署和维护,包括环境搭建、配置管理、发布流程、系统监控、性能优化等。

在上述步骤中,除了第 4 步与 Drools 的实践经验紧密相关之外,其他步骤都是软件项目开发的必经步骤,我们不在这里赘述,下面将重点介绍第 4 步。

10.4　设计实战

本小节会为大家讲解自建 BRMS 涉及的一些功能模块及设计经验。比如包存储设计、基础元素设计、事实对象设计、DRL 规则设计、KJAR 构建和发布等。由于每个项目的图形化界面实现框架不同，具体的业务需求和交互模式也不同，加之受篇幅所限，本小节以设计思路、数据结构、核心示例代码、经验指导为重点，不再提供完整的案例。大家重点了解设计思路，然后结合自己的场景进行调整与改造。

从本小节开始，我将讲解自建 BRMS 的一些基础设计元素。基于这些基础设计元素，结合具体的业务场景，大家便可设计出一套适合具体业务场景和需求的 BRMS。我们先来看看关于包（package）的设计和管理。

10.4.1　包存储设计

在 Drools 7 提供的 Business Central 中，我们要建一个实体类和规则，首先需要建一个包。实体类的包路径与业务代码中的包路径保持一致。规则所属的包往往是传统语法中对规则进行分组的一个基础维度。比如让相同包下的规则归于一个 KieSession 管理，可以在 kmodule.xml 中进行如下配置：

```
<kmodule xmlns="http://www.drools.org/xsd/kmodule">
    <!-- 定义一个 kbase, 包含 com.example.rules1 包下的规则 -->
    <kbase name="kbase1" packages="com.example.rules1">
        <!-- 定义第一个 ksession, 关联到 kbase1 -->
        <ksession name="ksession1"/>
    </kbase>
</kmodule>
```

包的基本属性虽然简单，但在创建规则时其配置项必不可少。通常，包的基本操作就是简单的 CRUD（创建、读取、更新、删除）操作，BRMS 可提供图形界面来进行包的管理。在创建规则或配置规则发布时，BRMS 可列出所有包，根据用户的输入进行动态的搜索匹配。

包的表结构设计，通常包括 ID、包名、包描述以及创建时间和更新时间。

当然，关于包的管理，还涉及权限、版本等方面，这些与核心业务逻辑关系不大，后续的其他功能也会有所涉及，我们就不再赘述。后面的章节会多次涉及包维度的划分，大家可以留意一下。当然，在你的项目中是将它们归为同一类的包，还是将类的包与规则的包进行区分，你可以根据项目具体情况来设计。

10.4.2　基础元素设计

除了要管理包外，在自建 BRMS 时，还有一些基础数据元素和配置项要管理，比如规则环境及状态定义、风控策略、数据类型、业务类型、公共方法等的管理。对这些基础元素和配置项，在这一节进行简单介绍。

- ❑ **规则环境及状态定义**：通常在 BRMS 中，我们要区分不同的运行环境，比如开发环境、测试环境、生产环境，以及规则的状态，比如上线、下线等。对于环境和状态的定义，可根据项目的具体情况通过表结构或枚举类型来存储。后续针对规则、业务包等发布的过程，对规则进行配置和使用。
- ❑ **风控策略**：如果是计算类规则，则返回对应的计算结果。如果是风控类规则，在执行规则之后，规则系统需要反馈处理策略给业务系统，告诉业务系统这笔交易属于什么风险等级，如无风险、低风险、中风险、高风险，应该执行什么风控策略，如阻断交易、交易者拉黑名单等，这时就需要定义风控策略。
- ❑ **数据类型**：在提供界面操作用以配置规则时，往往需要定义输入参数（实体类的字段）的类型，此时可考虑将常见的数据类型存储在数据库中，在页面输入时通过下拉列表来进行选择。常见的类型有 String、Integer、Boolean、Long、Double、Float 以及业务系统中定义的数据类型等。在后台可以对这些数据类型进行增删改查，以便在配置规则时直接引入。
- ❑ **业务类型**：需要根据具体的业务场景来定义业务类型，比如定义充值、提现、优惠折扣等，这些是用来从业务层面划分和标记规则所属的标签。
- ❑ **公共方法**：这里提到的公共方法指的是定义规则时，我们定义一些通用的 function，这些基础的方法被存储在数据库当中。在需要时，这些方法可以直接拿来（定义在同一个包中）使用。比如可以定义一个 getMaxValue 的 function，在规则的 when 或 then 部分可以直接引入该方法。

公共方法可通过数据库存储，一般包括 id、function 名称、function 代码、版本等。比如，要定义的 function 名称为 getMaxValue，定义的 function 代码如下：

```
function int getMaxValue(int a, int b) {
    return a > b ? a : b;
}
```

这样在组装 DRL 规则时，我们就可以直接使用 getMaxValue 方法了，比如：

```
rule "Find max value"
when
    // 规则条件
then
```

```
        int maxValue = getMaxValue (5, 10);
        System.out.println("Max value: " + maxValue);
    end
```

上述这些实现都比较简单，主要是配合后续规则的定义和运行，它们要么通过数据库字段直接存储，要么定义成代码中的常量，重点考虑可扩展性和灵活管理配置即可。

10.4.3　事实对象设计

事实对象在规则引擎中是极其重要的，因此提供对它的管理功能也是必不可少的。对于事实对象的管理通常有两种方式：第一，直接存储 Java 类为字符串或二进制数；第二，将 Java 类进行拆分存储。

第一种方式非常简单也很容易理解，就是直接让软件开发人员将编写好的 Java 类放在文本框中，以文本或二进制内容的形式存储。当使用时，从数据库读取出来进行页面展示或与 DRL 规则一起打包到 KJAR 当中。这种方式实现起来比较简单，建一张表，提供类名和类内容即可。但缺点也很明显，业务人员无法进行真正意义上的图形化配置，配置的依旧是 Java 代码。由于这种方式比较简单，因此不再多说，重点聊聊第二种方式。

第二种方式将事实对象以 Data Object 的形式存储。Data Object 是一种特殊的 Java 类，用于表示业务数据，先通过图形化界面来创建和管理，然后再自动生成相应的 Java 类，并作为项目的一部分进行存储或与 DRL 规则文件一起打包到 KJAR 当中。通常 Data Object 以类名和类属性的形式存储，与 Java 代码中定义的类结构相同。Data Object 也可以被理解为另一种形式的 Java 代码存储。

为了存储 Data Object，可创建两张数据库表：一张用于存储类信息，一张用于存储类属性。

类信息表（data_object）的核心字段如下：

❑ id：主键。
❑ class_name：类名。
❑ package_name：包名，此处的包名也可以和上面的 package 管理相结合，在 package 管理模块统一管理。

类属性表（data_object_field）的核心字段如下：

❑ id：主键。
❑ data_object_id：data_object 表的 id。

❑ field_name：字段名。

❑ field_type：字段类型，可以与前面提到的基础数据类型相关联。

有了上面的基础数据结构，就可以通过图形化界面进行对数据对象的增删改查操作了，比如对实体对象的字段进行添加、类型定义等操作，操作完成，将类信息和类属性信息插入或更新到对应的数据库表中。

在上面最基础的类信息的上层，如果需要生成 Java 类，用于验证、编译、打包成 KJAR 或存储到其他存储介质当中时，可以通过 Java 反射 API 来动态创建 Java 类，或者使用模板引擎（比如 FreeMarker 或 Velocity）生成 Java 源码，然后编译这些源码。

以上便是一个简化的实现思路和方案，实践中可根据具体的场景和需要进行调整和完善。

10.4.4　DRL 规则设计

DRL 规则的设计同样包括提供图形化界面和数据库存储，而图形化界面依托于数据库的表结构。通常我们可以通过 4 张表或更多表来存储 DRL 规则及相关内容。

DRL 规则文件通常是要归属一个包的，这里的包是规则业务分类的一个维度。这跟上面章节提到的包是一个概念，表结构的核心信息就是 id 和包名，这里我们将这张表的名称定义为 rule_package。

然后定义规则表（rule），用于存储规则的名称以及规则所属的包，其核心字段如下：

❑ id：主键。

❑ name：规则名称。

❑ rule_package_id：rule_package 表的 id。

这里只展示了规则表的核心字段，还有其他字段，比如规则的版本、规则的创建时间和修改时间等也是必要的，可根据具体的使用场景进行扩充。

具体的规则由 3 个部分构成，涉及规则的引入类（或方法）表、规则的条件表、规则的操作表。

规则的引入类表（rule_imports）核心字段如下：

❑ id：主键。

❑ class_name：引入类（或方法）的全路径。

❑ rule_id：rule 表的 id。

规则的条件表（rule_condition）核心字段如下：

❑ id：主键。
❑ rule_id：规则表的 id。
❑ pattern：规则条件中的模式。
❑ constraint：规则条件中的约束。
❑ operator：规则条件中的操作符。

规则的操作表（rule_action）核心字段如下：

❑ id：主键。
❑ rule_id：规则表的 id。
❑ action_code：规则操作的代码片段。

下面重点说明规则的条件表和规则的操作表的使用。规则的条件表用于存储规则条件。下面以一个示例来说明一下 pattern（模式）、constraint（约束）和 operator（操作符）字段的使用。

假设我们有一个名为 Person 的 Data Object，具有 name（字符串类型）和 age（整数类型）属性。

现在我们要创建一个规则，当 Person 的年龄大于 18 时触发。在这种情况下，我们可以在规则的条件表中存储以下数据：

❑ pattern：Person。
❑ constraint：age > 18。
❑ operator：&&（可选，如果有多个条件，可以使用逻辑操作符 && 或 ||）。

在这里，pattern 表示我们关心的是 Person 类的实例；constraint 表示我们要检查的具体条件，即 Person 的年龄必须大于 18；operator 表示条件之间的逻辑关系，如果有多个条件，则可以使用逻辑操作符 &&（与）或 ||（或）连接。

当从数据库中检索规则条件并生成 DRL 规则文件时，可以使用上述信息来构建规则的 when 部分。例如，上面的示例将生成以下 DRL 代码：

```
rule "Example Rule"
when
    Person(age > 18)
then
    // 规则操作（来自 rule_action 表）
end
```

请注意，这只是一个简化的示例。实践中可能需要处理更复杂的规则条件，例如多个 pattern、嵌套的 constraint 等。在这种情况下，可根据需要扩展规则的条件表的结构，以便更灵活地表示这些复杂条件。

关于规则的操作表的实现，可以直接将要执行的代码存储起来，也可以先由开发人员写好要执行的逻辑，然后形成一个单独的 action（操作，比如拉入黑名单操作）。业务人员在配置完规则条件之后，关联这个操作即可，通常这种方式能够满足大多数场景的需要。当然，最理想的方式就是把操作部分也通过图形化界面进行操作，但这有一定的复杂度，而且操作部分与业务逻辑是极其耦合和复杂的，要视具体情况而定。

当然，以上都只是实现思路，大家在实践中，比如规则条件部分，也可以直接由页面组装好或通过占位符替换等形式来实现，不要拘泥于本书提供的方案。

对于 DRL 规则的组装，依旧建议使用模板引擎（比如 FreeMarker 或 Velocity）来实现。整个流程基本上是首先从数据库检索规则、规则条件和规则操作，其次使用模板引擎生成 DRL 规则文件，再次将生成的 DRL 规则文件存储在文件系统或其他存储介质当中，最后在构建和部署项目时将它们打包到 KJAR 中。

值得注意的是，规则的版本、规则的相关资源（比如 Data Object、kmodule.xml 文件）等需要进行相应的关联、管理和存储。

10.4.5　DRL 的编译校验

在上面的步骤中，我们完成了 DRL 规则的基本存储，然后通过模板引擎可以将这些基础的元素组装成 DRL 规则文件。但在真正打包成 KJAR 之前，还需要编译和校验 DRL 规则，用于检查它是否符合语法规范，是否有错误。

关于规则的校验，前面多个案例中都演示过，Business Central 底层也是通过类似方式实现规则文件校验的。下面通过一个示例，展示如何使用 Drools 编译器 API 校验 DRL 规则文件。

```
public class RuleValidator {
    public static void main(String[] args) {
        String drl = "import com.example.Person; rule \"Example Rule\" when
            Person(age > 18) then System.out.println(\"Adult\"); end";
        validateDrl(drl);
    }

    public static void validateDrl(String drl) {
        KieServices kieServices = KieServices.Factory.get();
```

```
KieFileSystem kfs = kieServices.newKieFileSystem();
Resource drlResource = ResourceFactory.newByteArrayResource(drl.
    getBytes())
    .setResourceType(org.kie.api.io.ResourceType.DRL)
    .setSourcePath("src/main/resources/com/example/rules/example.drl");
kfs.write(drlResource);
Results results = kieServices.newKieBuilder(kfs).buildAll().getResults();

if (results.hasMessages(Message.Level.ERROR)) {
    System.out.println("DRL validation errors:");
    for (Message message : results.getMessages(Message.Level.ERROR)) {
        System.out.println("Line " + message.getLine() + ": " + message.
            getText());
    }
} else {
    System.out.println("DRL validation succeeded.");
}
}
}
```

在上述示例中，使用了 Drools 的 KieServices 和 KieFileSystem 类来构建和校验 DRL 文件。首先，将 DRL 内容作为字节数组资源添加到 KieFileSystem 中。然后，调用 buildAll 方法来构建和校验规则。

Results 对象包含了构建和校验过程中生成的消息，可以使用 hasMessages 方法检查是否存在错误级别的消息。如果存在错误级别的消息，可以遍历这些消息并输出错误详情，包括行号和错误描述。在图形化操作时，可以将这些信息或它们的包装信息展现给图形化操作者。

正常来说，无论通过何种形式构建、加载 DRL 规则，我们都会进行这一步的基本校验，确保进入业务系统的规则的基本语法符合规范。

10.4.6 构建 KJAR 实现

完成事实对象的设计、DRL 规则的设计以及 DRL 规则的校验之后，就可以将规则资产和事实对象打包成 KJAR，以供业务系统使用。这一步有多种方式可供参考，这里为大家介绍两种常见的实现方式。

第一种方式，业务系统直接读取数据库中的原始 DRL 规则文件，也就是说 BRMS 与业务系统并不完全分离，而是共享基础的数据库等资源。这种方式主要用到了 KieModuleModel 和 KieFileSystem 等 API 的能力，具体实现与前面章节中的 Spring Boot 集成案例实现基本相同。

基本流程示例代码如下：

```
public class KjarBuilder {
    public static void main(String[] args) {
        KieServices kieServices = KieServices.Factory.get();
        ReleaseId releaseId = kieServices.newReleaseId("com.example", "my-kjar",
            "1.0.0");

        // 创建 KieModuleModel 并配置 KieBase 和 KieSession
        KieModuleModel kieModuleModel = kieServices.newKieModuleModel();
        KieBaseModel kieBaseModel = kieModuleModel.newKieBaseModel("MyKieBase").
            setDefault(true);
        kieBaseModel.newKieSessionModel("MyKieSession").setDefault(true);

        // 创建 KieFileSystem 并添加 KieModuleModel、DRL 文件和事实（Fact）对象的资源
        KieFileSystem kieFileSystem = kieServices.newKieFileSystem()
            .generateAndWritePomXML(releaseId)
            .writeKModuleXML(kieModuleModel.toXML());

        // 添加 DRL 文件
        Resource drlResource = ResourceFactory.newByteArrayResource("<drl-
            content>".getBytes())
            .setResourceType(org.kie.api.io.ResourceType.DRL)
            .setSourcePath("src/main/resources/com/example/rules/example.drl");
        kieFileSystem.write(drlResource);

        // 添加事实（Fact）对象的 Java 类文件（需要将 Java 源码编译为字节码）
        Resource factResource = ResourceFactory.newByteArrayResource("<compiled-
            fact-class>".getBytes())
            .setResourceType(org.kie.api.io.ResourceType.JAVA)
            .setSourcePath("src/main/java/com/example/Person.class");
        kieFileSystem.write(factResource);

        // 构建 KJAR
        KieBuilder kieBuilder = kieServices.newKieBuilder(kieFileSystem);
        kieBuilder.buildAll();

        // 验证构建结果
        if (kieBuilder.getResults().hasMessages(org.kie.api.builder.Message.
            Level.ERROR)) {
            throw new RuntimeException("KJAR 构建失败: " + kieBuilder.getResults());
        }

        KieRepository kieRepository = kieServices.getRepository();
        // 创建 KieContainer 并执行规则
        KieContainer kieContainer = kieServices.newKieContainer(kieRepository.
            getDefaultReleaseId());
    }
}
```

上述示例中，创建 ReleaseId 用于标识生成的 KJAR；创建 KieModuleModel 用于配置 KieBase 和 KieSession；创建 KieFileSystem 实例，用于将 KieModuleModel、DRL 文件和事实（Fact）对象的资源添加到其中。对于事实对象，需要将 Java 源码编译为字节码并将其作为字节数组资源添加到 KieFileSystem 中。当然，如果你的事实对象已经存在于业务系统当中，此时也可以不使用该方式加载，直接使用业务系统的即可。在构建过程中，如果出现错误，通过检查 KieBuilder 的结果来获取错误信息。

Business Central 底层实现原理与此类似。它使用 Drools 的 KIE API 和 Maven 构建系统，在后台构建和部署 KJAR。当在 Business Central 中创建和修改规则、事实对象等资源时，它会自动构建和部署相应的 KJAR。

第二种方式，直接将 BRMS 中的资源和事实对象构建成 KJAR 的 JAR 文件，然后放置在 Maven 仓库，或者直接通过 URL 路径供业务系统动态下载和加载。

要生成 KJAR 的 JAR 文件，可以使用 Maven API 或者 Apache Commons VFS 库。以下是一个使用 Maven API 的简单示例，展示了如何将生成的 KJAR 保存为 JAR 文件。

首先，添加 Maven API 的依赖到项目中。

```
<dependency>
    <groupId>org.apache.maven</groupId>
    <artifactId>maven-embedder</artifactId>
    <version>3.8.4</version>
</dependency>
```

然后，使用以下示例代码将生成的 KJAR 保存为 JAR 文件：

```
public class KjarBuilderWithMaven {
    public static void main(String[] args) throws IOException {
        KieServices kieServices = KieServices.Factory.get();
        ReleaseId releaseId = kieServices.newReleaseId("com.example", "my-kjar",
            "1.0.0");

        // 创建 pomXml 内容
        String pomXml = "<?xml version=\"1.0\" encoding=\"UTF-8\"?>\n" +
            "<project xmlns=\"http://maven.apache.org/POM/4.0.0\"\n" +
            "         xmlns:xsi=\"http://www.w3.org/2001/XMLSchema-instance\"\n" +
            "         xsi:schemaLocation=\"http://maven.apache.org/POM/4.0.0
                     http://maven.apache.org/xsd/maven-4.0" +
            ".0.xsd\">\n" +
            "    <modelVersion>4.0.0</modelVersion>\n" +
            "\n" +
            "    <groupId>" + releaseId.getGroupId() + "</groupId>\n" +
            "    <artifactId>" + releaseId.getArtifactId() + "</artifactId>\n" +
```

```
        "    <version>" + releaseId.getVersion() + "</version>\n" +
        "    <packaging>kjar</packaging>\n" +
        "\n" +
        "    <dependencies>\n" +
        "        <dependency>\n" +
        "            <groupId>org.kie</groupId>\n" +
        "            <artifactId>kie-api</artifactId>\n" +
        "            <version>8.33.0.Final</version>\n" +
        "        </dependency>\n" +
        "    </dependencies>\n" +
        "    <build>\n" +
        "        <plugins>\n" +
        "            <plugin>\n" +
        "                <groupId>org.kie</groupId>\n" +
        "                <artifactId>kie-maven-plugin</artifactId>\n" +
        "                <version>8.33.0.Final</version>\n" +
        "                <extensions>true</extensions>\n" +
        "            </plugin>\n" +
        "        </plugins>\n" +
        "    </build>\n" +
        "</project>";

// 将 KJAR 的 pom.xml 和 kmodule.xml 文件写入临时目录
Path tempDir = Files.createTempDirectory("kjar-");
File pomFile = new File(tempDir.toFile(), "pom.xml");
File kmoduleFile = new File(tempDir.toFile(), "src/main/resources/META-
    INF/kmodule.xml");
try (FileWriter pomWriter = new FileWriter(pomFile);
        FileWriter kmoduleWriter = new FileWriter(kmoduleFile)) {
    pomWriter.write(pomXml);
    kmoduleWriter.write("<kmodule xmlns=\"http://jboss.org/kie/6.0.0/
        kmodule\"/>");
}

// 将 DRL 文件和事实（Fact）对象的 Java 源码写入临时目录
File drlFile = new File(tempDir.toFile(), "src/main/resources/com/
    example/rules/example.drl");
File factJavaFile = new File(tempDir.toFile(), "src/main/java/com/
    example/Person.java");
Files.write(drlFile.toPath(), "<drl-content>".getBytes());
Files.write(factJavaFile.toPath(), "<fact-java-content>".getBytes());

// 使用 Maven API 构建 KJAR
String[] mvnCmd = {"mvn", "clean", "install"};
MavenCli mavenCli = new MavenCli();
int result = mavenCli.doMain(mvnCmd, tempDir.toString(), System.out,
    System.err);

if (result != 0) {
```

```
        throw new RuntimeException(" 构建 KJAR JAR 文件失败。");
    }

    // KJAR JAR 文件现在位于本地 Maven 仓库中，可以根据需要将其复制到其他位置
    String localRepoPath = System.getProperty("user.home") + "/.m2/
        repository";
    String jarFilePath = localRepoPath + "/com/example/my-kjar/1.0.0/my-kjar-
        1.0.0.jar";
    System.out.println("KJAR JAR 文件已生成: " + jarFilePath);
    }
}
```

上面的示例代码，先初始化了 KieServices 和 ReleaseId 对象，随后创建并写入 KJAR 项目的 pom、kmodule.xml、DRL 规则文件以及事实对象的 Java 源码文件，然后使用 Maven API 构建 KJAR，最后检查构建结果并获取生成的 KJAR 的 JAR 文件路径。如果构建失败，抛出一个 RuntimeException。

通过上述流程，可以使用 Drools 和 Maven API 动态地创建和构建 KJAR 项目，并将生成的 KJAR JAR 文件保存到本地 Maven 仓库。当然，在不同的 Drools 版本下，使用的方法和 API 可能会有所不同，但实现思路基本一致。

10.4.7　部署和运维

当 KJAR 生成之后，KJAR 的使用便与前面的章节相似了。上一小节中的第一种方式便是一种部署和运维方式，直接在项目中动态加载了 KJAR 资源。在生成 KJAR 之后，也可以像我们之前的案例一样，将 KJAR 通过依赖的形式添加到项目当中，然后通过 ReleaseId 来加载 KJAR 文件。

示例代码如下：

```
KieServices kieServices = KieServices.Factory.get();
ReleaseId releaseId = kieServices.newReleaseId("com.example", "my-kjar",
    "1.0.0");
KieContainer kieContainer = kieServices.newKieContainer(releaseId);
```

我们也可以将 KJAR 放到 Maven 仓库中，然后通过 KieScanner 来动态加载。相关的 API 实现在前面章节中已经讲过，这里不再赘述。

当然，我们还可以在 BRMS 中提供一个发布 KJAR 的 URL 地址，业务系统通过定时任务来检查该地址上的资源是否变化了，如果变化了则进行下载、动态加载 KJAR 文件并构建新的 KieContainer。

示例代码如下：

```java
public class DownloadAndReloadKjar {

    private static long lastModified = 0;
    private static KieContainer kieContainer;

    public static void main(String[] args) {
        ScheduledExecutorService executorService = Executors.newSingleThreadSche
            duledExecutor();
        executorService.scheduleAtFixedRate(() -> {
            try {
                URL kjarUrl = new URL("http://example.com/path/to/your/kjar.jar");
                HttpURLConnection connection = (HttpURLConnection) kjarUrl.
                    openConnection();
                connection.setRequestMethod("HEAD");
                long currentLastModified = connection.getLastModified();

                if (currentLastModified > lastModified) {
                    lastModified = currentLastModified;
                    File downloadedKjar = downloadKjar(kjarUrl.toString(),
                        "downloaded-kjar.jar");

                    // 从文件中加载 KJAR
                    KieServices kieServices = KieServices.Factory.get();
                    KieRepository kieRepository = kieServices.getRepository();
                    KieModule kieModule = kieRepository.addKieModule(kieServices.
                        getResources().newFileSystemResource(downloadedKjar));
                    ReleaseId releaseId = kieModule.getReleaseId();

                    // 更新 KieContainer
                    if (kieContainer != null) {
                        kieContainer.updateToVersion(releaseId);
                    } else {
                        kieContainer = kieServices.newKieContainer(releaseId);
                    }
                }
            } catch (IOException e) {
                e.printStackTrace();
            }
        }, 0, 10, TimeUnit.SECONDS); // 每 10 秒检查一次
    }

    private static File downloadKjar(String kjarUrl, String destinationPath) throws
        IOException {
        URL url = new URL(kjarUrl);
        HttpURLConnection connection = (HttpURLConnection) url.openConnection();
        connection.setRequestMethod("GET");
```

```
            InputStream inputStream = connection.getInputStream();
            File targetFile = new File(destinationPath);
            Files.copy(inputStream, targetFile.toPath(), StandardCopyOption.REPLACE_
                EXISTING);
            return targetFile;
        }
    }
```

在这个例子中，定时任务会每 10 秒检查一次 KJAR URL 地址上的资源的 lastModified 值。如果检测到资源发生变化，则会下载新的 KJAR 文件，并将其加载到 KieRepository 中。然后，更新 KieContainer 的版本或创建一个新的 KieContainer（如果尚未创建）。也就是说，上述代码实现了一个简单的基于定时任务动态检查、下载、构建 KieContainer 的功能。思路和代码实现都很简单，大家可根据自己业务场景和系统架构进行改造升级。

在部署和运维方面，每家公司的业务架构、运营后台等往往差异很大，大家根据实际情况选择合适的方案即可，当然，并不限于本小节所提供的思路。

拓展篇

Drools 底层算法详解

我们已经学习了 Drools 的基本原理、基础语法以及项目集成实战。本章将介绍 Drools 底层所使用的算法，旨在帮助大家更好地进行 Drools 调优、架构设计和业务逻辑处理。

本章旨在使大家在实践中或实践后对 Drools 的底层实现有更深入的了解。尽管算法部分可能存在一定难度，但通过学习，大家将明白某些上层方案为什么那样设计，毕竟底层实现及算法决定了上层方案的性能和效果。当然，暂时不了解本章内容也不会影响你对 Drools 的基础使用。

本章将从 Drools 对 Rete 算法、ReteOO 算法、Phreak 算法的改进角度进行介绍，同时也会涉及它们在 Drools 中的部分功能及处理流程。

11.1 Drools 算法演变

随着 Drools 版本的迭代，底层算法也在不断演化，从最初的 Rete 算法、ReteOO 算法，直到目前 Drools 8 所使用的 Phreak 算法，Drools 团队一直在对底层算法进行优化和改进。下面对 Drools 版本与算法的演变过程进行简单梳理。

Drools 从 3.x 版本开始采用 Rete 算法。ReteOO 算法是在 Rete 算法的基础上进行改进而得到的，主要针对对象模型的复杂性进行了优化。在 Drools 3.0 版本中，ReteOO 算法以实验版本的形式被引入，从 Drools 4.0 版本开始，ReteOO 算法正式成为 Drools 的核心功能，并被广泛应用于规则引擎的开发中。大家可以认为 ReteOO 算法是基于 Rete 算法的二次开发。

Phreak 算法则是针对 ReteOO 算法的一种改进，主要是为了优化 Drools 的性能和扩展性。Phreak 算法在 Drools 6.x 版本中引入，在 Drools 7.x 中成为正式算法。Phreak 是 Drools 团队自研的算法，并经过了大量实战检验。

在上述 3 种算法中，Phreak 算法是建立在 ReteOO 算法之上的，而 ReteOO 算法则是建立在 Rete 算法之上的。它们都是 Drools 用于匹配规则的底层算法，但 Phreak 算法相对于前两者来说更加高效和灵活。

需要注意的是，Phreak 算法与 Rete 算法已不属于同一种算法：Phreak 算法主要优化了 Drools 规则引擎的性能和扩展性，是一种事件驱动的算法；Rete 算法则是一种基于网络的算法。尽管 Phreak 算法和 Rete 算法有一些相似之处，但它们在设计原则、算法流程和实现方式上有很大的不同。因此，Phreak 算法和 Rete 算法应该被看作两种不同的算法。

11.2　Rete 算法

本节通过介绍 Rete 算法的相关概念、基本节点、网格构建流程、运行时执行流程和优缺点等来帮助大家整体了解 Rete 算法，以便后续对照学习 ReteOO 算法和 Phreak 算法。

11.2.1　Rete 算法简介

Rete 算法是一种高效的模式匹配算法，是目前最流行的演绎推理算法之一。Rete 算法最初是由卡内基 - 梅隆大学的 Charles L. Forgy 博士在 1974 年发表的论文中提出的，为实现专家系统提供了高效的实现方式。自此以后，Rete 算法被广泛应用于大型规则系统。

Rete 在拉丁语中译为 net 或 network，即网络。该算法通过网络筛选的方法找出所有匹配各个模式的对象和规则。Rete 算法是目前效率最高的一个演绎推理算法，因此许多规则引擎（如 Ilog、Jess、JBoss Rules 等）都是基于 Rete 算法来进行推理计算的。

Rete 算法的核心思想是根据内容将分离的匹配项动态构造成匹配树，以达到显著降低计算量的效果。它可以分为两个部分：规则编译和运行时执行。规则编译是指根据规则集生成推理网络的过程，运行时执行是指将数据送入推理网络进行筛选的过程。

Rete 算法进行事实断言时，包含 3 个阶段，即匹配、选择和执行，这 3 个阶段也被称作 match-select-act 循环。采用前向链接（Forward-Chaining）的方式时，匹配条件语句，执行规则语句。规则执行后会触发事实（Fact）的变化，引擎又会重新进行条件匹配，直到不能再匹配为止。这样，Rete 算法保证了所有匹配的情况都会被覆盖。

总之，Rete 算法是一种高效的模式匹配算法，它通过动态构造匹配树来降低计算量，实现了大量模式集合和大量对象集合间的高效比较。它被广泛应用于大型规则系统，并被认为是实现产生式规则系统的最佳选择之一。

11.2.2 Rete 算法的基本节点

Rete 算法可分为规则编译和运行时执行两部分。其中，规则编译描述了如何通过处理生产内存（Production Memory）中的规则来生成一个高效的辨别网络，使用辨别网络来过滤通过这个网络传播的数据。在网络的顶部可能会有很多匹配项，但随着数据向下移动，匹配项会逐渐减少。网络的底部是终端节点（Terminal Node）。

在 Forgy 博士的论文中，共描述了 4 类基本节点：根节点（Root Node）、单输入节点（1-Input Node）、双输入节点（2-Input Node）和终端节点（Terminal Node）。下面我们以 Rete 算法的概略图来进一步解释 Rete 相关节点以及算法实现的基本流程，如图 11-1 所示。

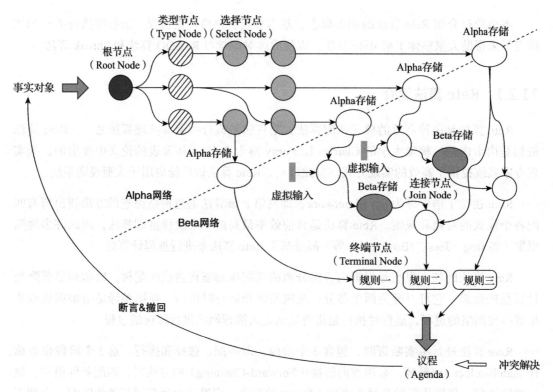

图 11-1　Rete 算法的概略图

下面对照图 11-1，来解释上面提到的 4 类基本节点。

1. 根节点

根节点是所有事实（Fact）对象进入网络的入口。

2. 单输入节点

单输入节点通常包括 ObjectTypeNode、AlphaNode、LeftInputAdapterNode 和 EvalNode 等。其中，ObjectTypeNode（对象类型节点，即图 11-1 中的 Type Node）是根节点的后继节点，用来判断类型是否一致。从根节点进入的事实对象会立即进入 ObjectTypeNode，它会对进入的事实对象进行类型判断，将事实对象传递到对应类型的节点中。比如有 Account 和 Order 两个对象，如果规则引擎直接尝试对每个对象评估每个单独的节点，将会进行大量的循环处理。解决方案就是创建一个 ObjectTypeNode，让所有单输入和双输入节点通过它下降。这样，如果应用程序断言了一个 Account 对象，那么它就不会被传播到 Order 对象的节点，从而提升了匹配效率。

在 Drools 中，当一个对象被断言时，从对象类的哈希映射表中查找有效的 ObjectTypeNode 列表来检索；如果该列表不存在，则扫描所有 ObjectTypeNode 以找到有效的匹配项，并将其缓存到列表中。这使得 Drools 可以对与 instanceof 检查相匹配的任何类型进行匹配操作。

AlphaNode 用于评估字面条件，它被用于处理规则中的单个条件。以 "Account(name =='Mr Trout')" 为例，AlphaNode 对条件 "name == 'Mr Trout'" 做评估，并将匹配的对象发送到下一个节点。AlphaNode 有助于提高规则引擎的性能，因为它可以快速评估字面条件，并将匹配的对象传递到下一个节点。AlphaNode 通常用于连接 ObjectTypeNode 和 LeftInputAdapterNode 之间的路径，以便在网络中传播已匹配的对象。

LeftInputAdapterNode 用于处理来自外部源（例如，用户应用程序）的对象，并将这些对象插入（作为输入）规则引擎中的 Rete 网络。当应用程序向规则引擎中插入一个对象时，LeftInputAdapterNode 节点会将对象插入规则引擎中，并将对象传递到网络中的下一个节点。这个节点通常是与 AlphaNode 连接的，因为 AlphaNode 用于评估字面条件。如果对象匹配了 AlphaNode 中的条件，它将被传递到 BetaNode 进行进一步的评估。可见，它是 Rete 网络中的一个重要组成部分，因为它允许外部应用程序将数据传递到规则引擎中进行处理。

EvalNode 用于评估非字面条件。与字面条件不同，非字面条件是在规则中使用函数或表达式定义的条件。例如，一个规则可以包含以下条件："Account(balance > 1000)"。此时，EvalNode 将使用 Drools 中的 MVEL 表达式引擎来评估条件。EvalNode 的作用是提供一种将非字面条件与其他节点相连接的方法。它可以与 LeftInputAdapterNode 和 BetaNode 一起使用，以创建更复杂的规则。在 Rete 网络中，EvalNode 通常用于连接 ObjectTypeNode 和

LeftInputAdapterNode 之间的路径，以便在网络中传播已匹配的对象。

3. 双输入节点

双输入节点主要包括 BetaNode、AccumulateBranchNode、ExistsNode 等。

BetaNode 用于连接两个或多个条件节点，并对它们进行比较、过滤、组合等操作，从而实现规则中的复杂条件。当进行比较时，对象可能是相同或不同的类型。BetaNode 也有内存，左边的输入称为 Beta Memory（Beta 存储），它会记住所有传入的对象列表。右边的输入称为 Alpha Memory（Alpha 存储），它会记住所有传入的事实对象。

BetaNode 包含两个子类：JoinNode 和 NotNode。它们都是用于连接两个或多个条件节点的节点类型。不同的是：JoinNode 用于连接两个或多个条件节点，并且只有当所有条件都匹配时才会触发规则；NotNode 用于连接两个条件节点，并且只有第一个条件满足且第二个条件不满足时才会触发规则。

另外，AccumulateBranchNode 用于将 AccumulateNode 的输出发送给 BetaNode 的右输入，并进行进一步的处理。ExistsNode 用于检查某个条件是否存在，并在条件存在时触发规则。其他节点此处就不再过多展开了。

总体来说，单输入节点通常用于对单个对象进行操作，双输入节点则用于对多个对象进行操作，它们共同实现更加复杂的规则匹配和推理。

4. 终端节点

终端节点（TerminalNode）表示一条规则已匹配其所有条件，通常是规则网络中的最后一个节点，用于触发规则的执行，并将满足条件的对象发送给下一个节点或动作。带有"或"条件的规则会为每个可能的逻辑分支生成子规则，因此一个规则可以有多个 TerminalNode。

在 TerminalNode 之前的所有节点都是用于条件匹配和规则推理的节点，而 Terminal-Node 则是用于执行规则所定义的操作的节点。

TerminalNode 通常包含以下类型的节点：

❏ ActionNode：用于执行一些特定的动作或操作，例如修改对象属性、生成新的对象、发送通知等。
❏ QueryElementNode：用于执行查询操作，并返回查询结果。
❏ RuleTerminalNode：用于触发规则的执行，并将满足条件的对象发送给下一个节点或动作。

11.2.3　Rete 网络构建流程

上面介绍了 Rete 算法的 4 类基本节点的概念和功能，基于这些节点，我们以一个具体的示例来看看 Rete 算法是如何构建网络的。

假设现在有 3 个事实对象，分别是 Person、Account 和 CreditScore。我们创建一个规则，当 Person 的年龄（age）大于 18，Account 的余额（balance）大于 1000，CreditScore 的积分（score）大于 700 时，设置 Person 和 Account 都批准通过。规则代码如下：

```
rule "rule1"
when
    $p : Person(age > 18)
    $a : Account(balance > 1000)
    $c : CreditScore(score > 700)
then
    $p.setApproved(true);
    $a.setApproved(true);
end
```

根据上述代码，按以下步骤来创建 Rete 网络：

1）创建一个虚拟根节点，它是整个 Rete 网络的起点。

2）取出一个规则，这里为"rule1"。

3）取出规则中的第一个模式（Pattern），即" $p: Person(age > 18)"。检查参数类型，发现 Person 是一个新类型，因此加入一个新类型的 ObjectTypeNode 来处理 Person 对象。

4）检查模式的条件约束，发现它是一个简单的属性比较，因此创建一个 AlphaNode 来处理它。将该 AlphaNode 连接到 ObjectTypeNode 的右侧，使得所有符合条件的 Person 对象都可以流经该节点。

5）重复前面两步，处理规则中的第二个模式" $a: Account(balance > 1000)"和第三个模式" $c: CreditScore(score > 700)"。对于 Account 和 CreditScore 对象，也需要创建相应的 ObjectTypeNode 和 AlphaNode，并将它们连接到前一个节点的右侧。

6）当所有模式都处理完毕后，创建一个 BetaNode 来处理它们之间的关系。我们将 BetaNode 的左侧连接到 CreditScore 对象的 AlphaNode，右侧连接到 Account 对象的 AlphaNode，这样就可以根据它们之间的关系来匹配符合条件的对象。

7）连接 BetaNode 到前一个 AlphaNode 的右侧，以便将符合条件的对象发送到下一个节点。

8）创建一个 TerminalNode 来处理规则的输出，将 Person 和 Account 对象的 Approved 属性设置为 true。

最终，我们得到一个由 ObjectTypeNode、AlphaNode、BetaNode、TerminalNode 和输

出节点组成的 Rete 网络。当我们插入一个符合条件的 Person、Account 和 CreditScore 对象时，Rete 网络将会自动匹配，并执行规则的 then 部分。

11.2.4 Rete 运行时执行流程

Rete 算法的运行时执行流程可以分为以下步骤：

1）将所有的规则和事实对象插入工作内存（Working Memory）中，作为 Rete 网络的初始状态。

2）从工作内存中取出一个工作内存元素（Working Memory Element，WME，也就是事实对象，用于和非根节点代表的模式进行匹配的元素），放入根节点进行匹配。

3）遍历 Rete 网络中的每个 AlphaNode 和 ObjectTypeNode，如果节点的约束条件与该 WME 一致，则将该 WME 存储在该 AlphaNode 的匹配内存中，并向其后继节点传播。

4）对每个 BetaNode 进行匹配，将左输入内存中的对象列表与右输入内存中的对象按照节点约束进行匹配，符合条件则将该事实对象与左部对象列表合并，并传播到下一节点。

5）当事实对象列表到达 TerminalNode 时，对应的规则被触发，将规则注册进议程（Agenda）。

6）对 Agenda 中的规则按照优先级执行，执行完毕后输出结果。

7）重复步骤 2）到步骤 6），直到所有事实对象都被处理完毕。

需要注意的是，在 Rete 网络的运行过程中，每个节点都会维护一个匹配的内存，用于存储符合条件的事实对象。这样，当新的事实对象到达时，就可以快速地判断其是否与已有的事实对象匹配。另外，在执行过程中，Rete 网络可以自动处理事实对象的插入和删除，以保证网络的实时性和正确性。

11.2.5 Rete 算法的优缺点

最后，我们来看一下 Rete 算法相较于传统的模式匹配算法的优缺点。

Rete 算法有以下优点：

❑ 高效性：Rete 算法将规则转换成网络形式，可以高效地处理大量事实对象。每个节点都只需要检查与自己相关的部分，而不需要遍历整个规则库，避免了大量的重复计算，从而大大提高了匹配效率。

❑ 可扩展性和灵活性：由于 Rete 网络是一个动态的数据结构，可以方便地添加和删除规则，也可以在运行时动态修改规则，因此大大提高了系统的可扩展性和灵活性。

❑ 可重用性和可维护性：Rete 算法将规则转换成网络形式后，每个节点都可以被多个
规则共享，从而提高了规则的可重用性和可维护性。

❑ 可理解性：Rete 算法将规则转换成网络形式后，可以直观地表示规则之间的关系，
易于理解和调试。

❑ 支持多种约束条件：Rete 算法支持多种约束条件，包括等于、不等于、小于、大
于、范围、正则表达式等，可以满足不同规则的需求。

❑ 支持复杂的规则：Rete 算法可以处理复杂的规则，包括嵌套规则、递归规则等。

总之，Rete 算法相比传统的模式匹配算法具有更高的效率，更强的可扩展性和灵活性、
可重用性和可维护性、可理解性，是一种非常优秀的规则引擎算法。

虽然 Rete 算法具有很多优点，但是也有一些不足之处：

❑ 内存占用：Rete 算法需要将所有规则转换成网络形式，本质上是以空间换时间，会
占用大量内存空间。

❑ 初始化时间：Rete 算法需要在运行之前将所有规则转换成网络形式，会导致初始化
时间较长。

❑ 规则修改：虽然 Rete 算法支持动态修改规则，但是修改规则后需要重新构建网络，
会导致性能下降。事实对象的删除顺序与添加顺序相同，除了要执行与事实对象添
加相同的计算外，还需要执行查找，开销很高。

❑ 工作内存：Rete 算法需要维护一个工作内存，用于存储匹配规则的对象，如果匹配
对象较多，就会导致工作内存占用过多的内存空间。

❑ 多线程支持：Rete 算法的多线程支持较差，需要进行额外的同步操作。

❑ 事实对象集合：Rete 算法适用于事实对象集合变化不大的场景，每次集合变化剧烈
时，Rete 的状态保持效果并不理想。

整体而言，Rete 算法的优点与缺点并存，但这并不影响它成为流行的规则引擎算法之
一。它在 Drools 规则引擎的发展历程中也扮演着重要的角色。

11.3 ReteOO 算法

ReteOO 算法是基于 Rete 算法的一种扩展，它采用了面向对象的设计思想，将规则集
合、规则、条件等抽象为对象，并将它们组织成一个对象图，从而更加清晰地描述了规则
匹配的过程。

在 Drools 的发展历程中，ReteOO 算法发挥了重要的作用。Drools 最初采用的是 Rete
算法，但是随着规则的复杂性和数量的增加，Rete 算法在性能和可扩展性方面存在一定的

局限性。因此，Drools 引入了 ReteOO 算法，通过面向对象的设计思想，提高了规则引擎的性能和可扩展性。

与 Rete 算法相比，ReteOO 算法的主要区别和改进点如下：

- ❑ 对象图：ReteOO 算法使用面向对象设计思想的设计思想，将规则集合、规则、条件等抽象为对象，并将它们组织成一个对象图，这样可以更加清晰地描述规则匹配的过程。
- ❑ 优化性能：ReteOO 算法对匹配算法进行了优化，通过缓存和重用中间结果来提高匹配性能。
- ❑ 可扩展性：ReteOO 算法支持动态添加和删除规则，从而提高了规则引擎的可扩展性。

总之，ReteOO 算法是一种基于面向对象设计思想的扩展算法，它在性能和可扩展性方面都有很大的优势。在 Drools 的发展历程中，ReteOO 算法发挥了重要的过渡作用，为 Drools 的性能和可扩展性提供了强大的支持。由于 ReteOO 算法只是 Rete 算法的进一步优化和增强，它们的实现原理基本一致，而且 ReteOO 算法是一个过渡算法，这里不再展开讲解。

11.4 Phreak 算法

11.4.1 Phreak 算法简介

Phreak 算法是 Drools 规则引擎中的一种新型算法，它在设计时参考了多种算法，比如 Leaps、Rete 等，但整体而言它是在 ReteOO 算法的基础上进行优化和改进得来的。Phreak 算法采用了新的规则匹配和执行策略，可以大大提高规则引擎的性能和可扩展性。

Rete 算法被认为是急切的（立即进行规则评估）和数据导向的，虽然 Phreak 算法在模型上基本延续了 Rete 算法，节点及其作用都是一样的，但 Phreak 算法采用的却是一种懒惰的（延迟规则评估）和目标导向的匹配算法。

Rete 算法在插入、更新和删除操作期间执行许多操作，以找到所有规则的部分匹配。Rete 算法在规则匹配期间的这种急切性导致需要很长时间才能最终执行规则，特别是在大型系统中。使用 Phreak 算法，规则的部分匹配被故意延迟，以便更有效地处理大量数据。

Phreak 算法在 Rete 算法的基础上增加了一系列增强功能，包括：

- ❑ 3 层上下文内存：节点（Node）、段（Segment）和规则内存类型。

- ❑ 基于规则、基于段和基于节点的链接。
- ❑ 懒惰（延迟）规则评估。
- ❑ 基于堆栈的评估，带有暂停和继续执行。
- ❑ 孤立规则评估。
- ❑ 面向集合的传播。

11.4.2　Phreak 算法规则评估

这一节我们聊聊 Phreak 算法在 Drools 规则评估中的延迟评估、面向集合传播、分割网络特性。

1. 延迟评估特性

在 Drools 规则引擎启动时，默认所有规则都与触发规则模式匹配的数据没有关联。此时，Phreak 算法不会进行规则评估。当插入、更新和删除等操作修改了 KIE 会话的状态时，修改只会传播到 Alpha 子网，并在进入 Beta 子网之前排队。

与 ReteOO 算法不同，在 Phreak 算法中，不会执行 Beta 节点以用作这些操作的结果。Phreak 算法使用一个启发式算法，基于最有可能导致执行的规则来计算和选择下一个规则进行评估。当规则的所有必需输入值都被填充时，规则被认为与相关的模式匹配数据相关联。然后，Phreak 算法创建一个代表此规则的目标，并将目标放入按规则优先级排序的优先级队列中。只有为其创建了目标的规则才会被评估，其他潜在的规则的评估会被延迟。在评估单个规则时，仍然通过分段实现节点共享。

2. 面向集合传播特性

在 ReteOO 算法中，每次插入、更新和删除事实对象时，都会从顶部（入口点）到底部（最佳情况下的规则终端节点）遍历网络。网络中执行评估的每个节点都创建了一个元组，该元组被传播到路径中的下一个节点。

与基于元组的 ReteOO 算法不同，Phreak 算法传播是面向集合的。对于正在评估的规则，Drools 规则引擎会访问第一个节点并处理所有排队的插入、更新和删除操作。结果被添加到一个集合（Set）中，并将该集合传播到子节点。在子节点中，处理所有排队的插入、更新和删除操作，将结果添加到同一个集合中。然后将该集合传播到下一个子节点，并重复相同的过程，直到到达终端节点。此循环创建了一种批处理的效果，可以为某些规则网络构建带来性能优势。

3. 分割网络特性

规则的链接和解除链接，通过基于网络分割的分层位掩码系统实现。构建规则网络时，为共享相同规则集的规则网络节点创建了段。Phreak 算法将规则视为分段的路径，而不是节点的路径。也就是说，规则由段的路径组成。如果一个规则不与任何其他规则共享任何节点，则成为单一段。在分段中，一个 KIE Base 中的节点是可以在不同规则之间共享的。

为段中的每个节点分配位掩码偏移量。根据以下要求为规则路径中的每个段分配另一个位掩码：

- ❏ 如果节点至少存在一个输入，则节点位设置为打开（on）状态。
- ❏ 如果段中的每个节点都将位设置为打开状态，则段位也将设置为打开状态。
- ❏ 如果任何节点位设置为关闭（off）状态，则段也将设置为关闭状态。
- ❏ 如果规则路径中的每个段都设置为打开状态，则认为该规则已链接，并创建一个目标以调度该规则进行评估。

相同的位掩码技术用于跟踪修改后的节点、段和规则。此跟踪能力使得如果评估目标自创建之后已经被修改，则已链接的规则可以被取消调度。因此，任何规则都不能评估部分匹配。Drools 利用这些状态标志位来避免对已经评估的节点和段进行重新评估，从而使 Phreak 网络的评估效率更高。

11.4.3 Phreak 算法评估示例

上一小节我们了解了 Phreak 算法规则评估的基本逻辑和原理，这里用 Drools 官方提供的示例进一步讲解 Phreak 算法规则评估的流程。

Phreak 算法能够进行规则评估，是因为与 Rete 算法中的单个内存单元不同，Phreak 算法具有节点内存（Node Memory）、段内存（Segment Memory）和规则内存（Rule Memory）类型的 3 层上下文内存。这种分层使得在评估规则时上下文得到充分的理解。

Phreak 算法的 3 层上下文内存结构如图 11-2 所示。

下面我们结合 Drools 官方示例来讲解规则是如何在 Phreak 算法的 3 层上下文内存结构中进行组合和评估的。

现在有一个规则 R1，它包含 A、B、C 3 个模式（Pattern）。前文提到，在 Phreak 算法中，如果一个规则不与任何其他规则共享任何节点，则成为单一段。此时，规则 R1 便是一个单独的段。这个段由节点位（bit）——1、2 和 4 组成。单个段（R1）的位偏移量为 1。在这个 3 层上下文内存系统中，规则 R1 将按照这个段的节点位和偏移量进行评估，如图 11-3 所示。

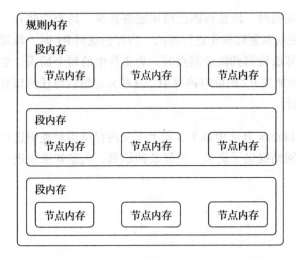

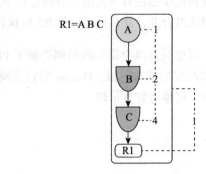

图 11-2　Phreak 算法的 3 层上下文内存结构　　　　图 11-3　单一规则示例

现在新增规则 R2，R2 包含 A、D、E 3 个模式。可以看到，规则 R2 和规则 R1 共享了模式 A。此时，3 层上下文内存结构即两规则共享模式示例如图 11-4 所示。

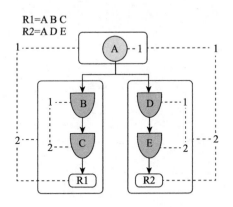

图 11-4　两规则共享模式示例

当模式 A 被两个规则共享时，模式 A 会被放置在独有的一个段中。规则 R1 和 R2 都由两个段组成，模式 A 组成的段和 R1、R2 剩余模式组成的段结合起来，分别形成 R1 和 R2 的规则路径。

很显然，模式 A 所在的段被两个路径所共享。当模式 A 被连接时，该段变为连接状态。然后，该段迭代每个共享该段的路径，将位 1 设置为打开状态。如果稍后打开模式 B

和 C，则路径 R1 的第二个段将被连接，也就是 R1 的位 2 被打开。当 R1 的位 1 和位 2 被打开时，规则处于已连接状态，并创建一个目标以安排规则用于稍后评估和执行。

通过上述流程可以看出，在评估规则时，段使得匹配结果能够共享。每个段都有一个临时内存，用于将该段的所有插入、更新和删除操作进行排队。当评估规则 R1 时，规则处理模式 A，结果存储在一个元组中。算法检测到段分割点时，为集合中的每个插入、更新和删除操作创建对等元组，并将它们添加到 R2 的临时内存中。这些元组然后与任何现有的临时元组合并，并在最终评估 R2 时执行。

这里只以两个简单的示例讲解了 Phreak 算法中基于 3 层上下文内存结构对规则进行评估和匹配的基本逻辑。Drools 的官方网站提供了更多、更复杂的示例，大家如果想进一步了解，可参考官方示例。

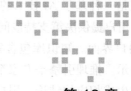

关于 Drools 与 AI 集成的探讨

目前，AI（人工智能）已经经历了多个低迷与火爆的循环。近年来，AI 领域的内容和方法论都发生了革命性变化。特别是近期 GPT（Generative Pre-Trained，一种深度学习模型）的出现，再一次引爆了 AI，并把 AI 带入了发展的春天。

我们知道，规则引擎属于专家系统的一个分支，而专家系统又属于 AI 研究领域的一部分。那么，是否存在一些场景，可以将 Drools 规则引擎与 AI 结合起来，并在需要时添加人工干预，以解决现实问题呢？

本章便从 Drools 规则引擎与 AI 相结合的思路出发，带领大家探讨规则引擎与 AI 集成的场景和可能性。

12.1　Drools、专家系统与 AI 之间的关系

在探索 Drools 与 AI 集成之前，我们先从概念层面了解 Drools、专家系统以及 AI 之间的关系。

Drools 是一个基于规则引擎的业务流程管理系统，使用基于规则的知识表示与推理（Knowledge Representation and Reasoning，KRR）技术将业务规则转换为可执行的代码，实现自动化决策和推理。规则引擎是专家系统的一种实现方式，它可以以规则的形式表示专家知识，并使用推理引擎执行这些规则来推导出结论。因此，Drools 也可以视为专家系统分支的一个具体实现框架。

专家系统是一种基于 AI 技术的计算机程序，旨在模拟人类专家在某个领域的知识和经验，以便为用户提供决策支持或问题解决的方案。它通常由 3 个主要组件组成：知识库、推理引擎和用户界面。知识库包含领域内专家的知识和经验，通常以规则、案例、概念、关系等形式表示。推理引擎是专家系统的核心，它可以根据知识库中的规则和数据进行推理和决策，并生成相应的结论。用户界面是专家系统与用户交互的接口，通常提供问题输入、结果输出、解释和修改知识库等功能。

从专家系统的定义和功能可以看出，专家系统是基于知识库和推理机，通过知识表示和推理来解决复杂问题的。专家系统可以将专家的知识和经验转化为计算机程序，实现智能决策和推理，这与 Drools 规则引擎类似。专家系统与 Drools 有很多共同点，这是因为专家系统也是使用规则来表示和推理知识的一种 AI 技术。

AI 是一个更广泛的概念，它是指计算机系统模拟人类的智能行为和思维过程的一种技术。AI 包括很多领域，如机器学习、自然语言处理、计算机视觉等。Drools 和专家系统都是 AI 技术的一种，但它们只是 AI 中的一部分。

综上所述，Drools、专家系统和 AI 三者之间的关系是：Drools 是一种基于规则引擎的业务流程管理系统，它使用基于规则的知识表示与推理技术来实现自动化决策和推理；专家系统也是一种基于规则的知识表示与推理技术，用于将专家的知识和经验转化为计算机程序，实现智能决策和推理；AI 是一个更广泛的概念，包括很多领域和技术，其中就有 Drools 和专家系统。

12.2　PMML 和 DMN 的组合

业务分析师或规则开发人员可以使用 DMN 来对规则进行建模。同时，Drools 本身也支持 PMML。

第 9 章中已经讲到，DMN 是一种用于表示业务决策的标准化语言，它可以描述业务规则、决策表和决策图等各种决策模型。DMN 可以使不同的业务系统之间实现决策的互操作性，从而使得业务决策的自动化更加容易和高效。

PMML 则是一种用于表示预测模型的标准化语言，它可以描述各种机器学习、数据挖掘和统计分析模型。Drools 可以使用 PMML 来表示预测模型，例如决策树、随机森林、逻辑回归等。PMML 可以使不同的软件工具之间实现模型的互操作性，从而使得模型的部署更加容易和高效。这些模型可以通过 Drools 规则引擎进行评估和预测。

Drools 支持 PMML 的方式是通过 Kie PMML 插件。该插件可以将 PMML 模型转换为

Drools 规则文件，以便被嵌入 Drools 规则中。Kie PMML 插件还支持将 Drools 规则转换为 PMML 模型，以实现规则和模型之间的互操作性。

虽然 PMML 和 DMN 是两个不同的技术，但它们都是为了实现模型或决策的标准化和互操作性而设计的。在实际应用中，PMML 和 DMN 可以结合使用，例如将 PMML 模型嵌入 DMN 决策表中，以便更好地支持业务决策。

在机器学习与 Drools 集成方面，可以使用 PMML 文件来描述机器学习模型，并将其嵌入 DMN 模型中。这样，Drools 就可以使用 DMN 模型来执行业务规则和决策，而 PMML 模型可以为 DMN 模型提供预测功能。因此，PMML 和 DMN 可以一起使用，以实现机器学习和业务规则的协同工作。

12.3　Drools 与 AI 集成场景

当提到 AI 时，我们可能会想到机器学习和大数据，但它们只是 AI 的一部分。AI 还包括机器人技术、机器学习、自然语言处理、数学优化和数字决策等。

在实践中，通常需要多项 AI 技术协作来完成一项任务。这里就涉及实用 AI 这一概念。实用 AI 是一系列 AI 技术的集合，当它们结合在一起时，可以提供解决问题的方法，例如预测客户行为、提供自动化客户服务和帮助客户做出购买决策等。

这里以官方的一个简单的案例场景为例。在应用的客户支持板块中，客户提交了一个工单。将机器学习算法应用于工单，基于关键字或自然语言处理将工单内容与现有解决方案匹配。在匹配的过程中，一个关键字可能会出现在多个解决方案中。那么，哪个解决方案与工单更匹配呢？此时，可以考虑使用数字决策（Drools 规则引擎便是数字决策的方式）来确定要向客户提供哪些解决方案。

然而，有时算法匹配得到的解决方案都不适合客户的工单问题。在这种找不到适当解决方案的情况下，通过数字决策寻求人工支持。为了找到最佳支持人员，数学优化通过考虑员工排班限制，选择最佳的支持工单人员分配方案。

在上述案例场景中，运用了机器学习与数字决策的结合，从数据分析中提取信息与建模人类的知识和经验，还运用了数学优化来安排人员支持。在其他场景中，也可以通过实用 AI 来实现类似功能，比如信用卡纠纷和信用卡欺诈检测。

实用 AI 的组成如图 12-1 所示，它整合了机器学习（包括神经网络、聚类、分类等）、数字决策（包括数据流处理、决策表等）、数学优化（包括资源规划等）。可以看到，其中的数字决策便是 Drools 规则引擎的重要使用场景之一。

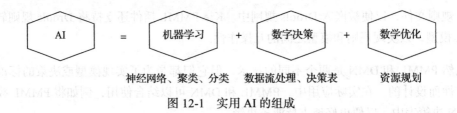

图 12-1 实用 AI 的组成

通常，规则引擎的规则是需要根据业务场景进行建模的，此时也可以通过 AI 对业务数据进行分析，提炼出规律，整合成规则模型，进而应用于规则引擎当中。

在上述相关技术中，通常涉及如下 4 个行业标准：

❑ 案例管理模型和符号（CMMN）：用于建模包括各种活动的工作方法，这些活动可能会根据情况以不可预测的顺序执行。CMMN 通过支持结构较少的工作任务和由人驱动的任务，克服了 BPMN2 建模的限制。通过结合 BPMN 和 CMMN，可以创建更加强大的模型。

❑ 业务流程模型和符号（BPMN2）：BPMN2 规范是一个对象管理组（OMG）规范，用于定义图形化表示业务流程的标准，定义元素的执行语义，并提供 XML 格式的流程定义。BPMN2 可以建模计算机和人类任务。

❑ DMN：参考上一小节和第 8 章的介绍。DMN 标准与 BPMN 非常类似，并且可以与 BPMN 一起用于设计和建模业务流程。

❑ PMML：参考上一小节的介绍。PMML 可与 DMN 进行良好的集成。

将上述内容整合，便得到一张预测决策自动化工作原理图（见图 12-2）。

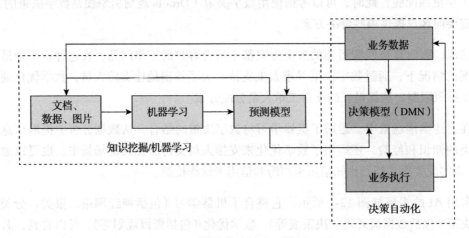

图 12-2 预测决策自动化工作原理图

预测决策自动化工作基本业务流程如下：

1）业务数据进入系统（比如申请贷款）。

2）业务系统调用决策模型（DMN），由决策模型判断是否批准该用户的贷款申请，或需要提供额外的资料或走额外的审批流程。这里通常可以将规则引擎与决策模型相结合来实现。

3）在决策模型进行决策时，会调用 PMML 提供的预测模型服务。PMML 模型是由各类数据（文档、数据、图片等）通过机器学习算法构建而得到的。

4）决策模型决策执行完毕，产生下一步的业务行动，比如拒绝或向客户发送贷款提议。

通过图 12-2 及基本业务流程解析，我们可以直观地看到规则引擎与 AI 之间是如何相互协作的。

12.4　案例流程解析

本小节将以一个具体的案例来对图 12-2 的基本业务流程进行扩展和描述，以便大家更深刻地理解 Drools 规则引擎与 AI 的集成、使用以及期间涉及的技术栈。但由于篇幅所限，这里仅以文字描述的形式来展示相关流程和核心步骤，不再展示详细的代码和规则建模操作步骤等细节。

12.4.1　案例场景

在金融系统中，很常见的场景就是反洗钱和反欺诈。这里以信用卡纠纷场景为例来展示规则引擎和 AI 相结合的处理流程和步骤。

基本场景：客户发现信用卡账单上的交易有误或出现未经认可的费用时，可以对此提出异议。然后由银行来处理有异议的交易（拒绝或退还）。在该场景中，往往存在信用卡欺诈行为，发卡行需要进行人工干预。但大部分类似交易问题，是可以通过 AI 完全或部分解决的，从而减少大量的人力资源投入。

实现方案 1：传统规则引擎（数字决策）方案。

在没有引入 AI 的情况下，对于传统规则引擎（数字决策）方案的具体实现步骤我们在前面章节中已经通过多种方式和案例实现过。基本逻辑就是将这笔交易的持卡人、交易金额等信息作为风控因子（规则输入变量），通过规则引擎的逻辑判断，计算出该笔交易的风险等级，从而决定采用直接退款、人工处理或其他操作。

实现方案 2：规则引擎集成机器学习方案。

除了实现方案 1 这种人为通过决策表计算、分析风控因子外，还可以将这笔交易的风险判断交由 AI 训练好的模型来判断，根据模型判断的风险等级，决定具体的处理方式。这里，AI 模型可能需要通过历史交易数据、公开征信信息等方式进行训练。

下面我们就根据此案例来分析相关的实现思路。

12.4.2　传统规则引擎方案

我们先来看一下银行最初通过实现方案 1，也就是通过传统 Drools 规则引擎的方式来实现欺诈行为检测和处理。

客户在核查信用卡交易流水时，发现了一笔有异议的订单。客户在某笔交易中消费了 4.50 元，但实际上扣了 44.50 元。客户提出异议，并回答了平台的一些预设问题，比如异议原因、是否一直持有卡等信息。这些信息有助于银行工作人员或规则引擎来做进一步判断。

面对此场景，银行下一步就需要决定是在没有调查的情况下直接退款，还是先进行人工调查再做出处理。人工调查需要更多资源，直接退款会造成诈骗成本居高不下。此时，规则引擎用来平衡两者。

此时，可创建一个规则，并根据客户账户的变量和值来进行风险评估。比如这里会对信用卡持有人进行风险评级和此次纠纷的风险评级，处理完毕之后，返回是否自动退款标识。BPMN 决策路径如图 12-3 所示。

参考图 12-3，来看 BPMN 决策路径的定义：

❏ 创建决策模型来定义处理流程，这里使用 BPMN 来定义决策路径，BPMN 定义银行在决定自动或手动处理争议时所使用的决策路径。
❏ BPMN 中的决策任务包含规则逻辑：根据信用卡持有人风险评级和此次纠纷的风险评级的综合结果来判断是将争议金额退回到客户账户，还是需要进一步人工调查判断。
❏ 分支一：如果符合自动批准标准，则自动退还金额。此过程比较简单且高效。
❏ 分支二：如果需要手动评估，则需要进行一些人工参与并需要客户提供更多的资料。

BPMN 的决策路径中使用了决策任务，这里使用 DMN 模型来实现。决策任务涉及信用卡持有人风险评级和此次纠纷的风险评级，因此需要的输入变量为年龄（持卡人年龄）、事故数量（该持卡人之前的纠纷数量）、持卡人状态（标准、白银、黄金、铂金）和欺诈金额。这里可以使用 KIE DMN 编辑器将分析文档中的数据转移到 DMN 模型中。关于 DMN 具体实现，在第 9 章中已有完整的案例，这里不再赘述。DMN 的决策任务如图 12-4 所示。

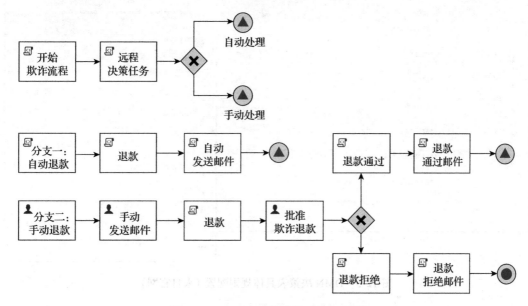

图 12-3　BPMN 决策路径（来自官网）

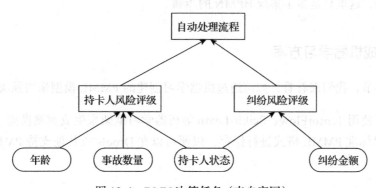

图 12-4　DMN 决策任务（来自官网）

对应的有两个决策表，即持卡人风险评级表和纠纷风险评级表。持卡人风险评级表包含 3 个输入变量：事故数量、持卡人状态和年龄。纠纷风险评级表包含持卡人状态和纠纷金额这两个输入变量。该表根据持卡人状态和纠纷金额计算纠纷的风险。DMN 决策表具体规则配置，如图 12-5 所示。

通过上述输入变量，在决策表中配置一条条详细规则及结果值。最终，使用两个决策表的分数（加权计算等）来确定是自动退回纠纷金额，还是需要进行更多的调查。

Cardholder Risk Rating (Decision Table)

C+	Incident Count (number)	Cardholder Status (string)	Age (number)	Cardholder Risk Rating (number)
1	> 3	"PLATINUM"	-	1
2	> 2	"GOLD"	-	1
3	> 2	"SILVER"	-	2
4	> 2	"STANDARD"	-	3
5	-	"SILVER"	< 25	1
6	-	"STANDARD"	< 25	2
7	-	"STANDARD"	>= 25	1
8	-	-	-	0

Dispute Risk Rating (Decision Table)

U	Cardholder Status (string)	Fraud Amount (number)	Dispute Risk Rating (number)	Description
1	"STANDARD"	< 25	1	
2	"SILVER"	< 50	1	
3	"GOLD"	< 75	1	
4	"PLATINUM"	< 100	1	
5	"STANDARD"	[25..150]	3	
6	"SILVER"	[50..150]	2	
7	"GOLD"	[75..150]	2	
8	"PLATINUM"	[100..150)	2	
9	"STANDARD"	[150..200)	4	
10	"SILVER"	[150..200)	3	
11	"GOLD"	[150..200)	3	
12	-	>= 200	5	

图 12-5　DMN 决策表具体规则配置（来自官网）

以上便是基于传统 Drools 规则引擎（数字决策）方案的核心处理流程。相比较前面实战章节的案例，这里只是多了集成 BPMN 的步骤。

12.4.3　集成机器学习方案

在这一小节，我们来看看，如何通过机器学习创建的 PMML 模型来增强决策模型。

通常，可使用 TensorFlow、Scikit-Learn 等机器学习框架来生成预测模型。然后，将这些预测模型以标准 PMML 格式进行保存，以便可以在 Drools 或其他支持 PMML 标准的产品中使用。

在此案例中，银行拥有相关客户的历史数据，包括以前的交易和纠纷历史，因此银行可以将这些数据与机器学习结合使用，创建可用于 DMN 模型决策任务的预测模型。与业务分析师创建的决策表相比，它可以更准确地评估风险。

这里通过图形化工具创建两组包含更准确评估风险预测的模型的 PMML 文件：一组基于线性回归算法，另一组基于随机森林算法。

其中，线性回归算法是统计学和机器学习中最广泛使用的算法之一。它使用一个线性方程，将一组数字输入和输出值组合在一起。随机森林使用多个决策树作为输入，创建预测模型。

创建完 PMML 文件之后，可以将两个预测模型（PMML 文件）导入项目当中，并将业务模型知识节点、PMML 文件和 DMN 模型三者建立关联。Drools 分析 PMML 文件并向节点添加输入参数。

使用 PMML 文件中的预测模型替换分析决策表之后的 DMN 决策任务，如图 12-6 所示。

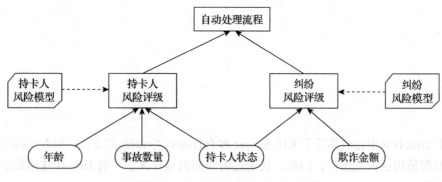

图 12-6　DMN 决策任务（来自官网）

上述替换改造之后，利用基于历史数据的机器学习模型，可以提供更精确的风险预测。同时，银行的决策仍由 DMN 决策模型执行：风险预测低于特定阈值，允许自动处理此争议。最后，还可以通过 Prometheus 收集有关纠纷的指标，并使用 Grafana 实时可视化这些指标。

至此，从传统规则引擎处理方案改造为基于机器学习方案的核心流程讲解完毕。这也是 Drools 规则引擎与 AI 集成的常见解决方案。

Appendix A 附录 A

KIE Server + WildFly + IDE 实战

由于 Drools 8 中已经移除了 KIE Server 和 Business Central 的支持，但在实践中，很多朋友依旧想使用这两款组件，因此，我通过附录的内容让大家了解 Drools 这两款组件的基本使用方法。

鉴于学习的循序渐进性，我先从官方提供的 BRMS 方案中选取最基础的部分来进行讲解，后续基于此进行扩展组合即可实现其他方案。因此，这里将先从 WildFly 应用服务器、KIE Server 以及 KIE Server 与 IDE 生成的 KJAR 和 API 交互讲起。

A.1 官方项目资源介绍

Drools 规则引擎的官网地址为 https://www.drools.org/，官方提供了 Drools 规则引擎相关的基本功能介绍、项目部署包下载以及使用手册和文档。

单击 "download" 菜单或直接访问 https://www.drools.org/download/download.html，便可看到 Drools 官方提供的资源包。在下载页面，官方提供了 3 个大版本的支持：6.x、7.x 和 8.x。我们直接看 7.x 版本，其中包括实例、源码、二进制文件、javadoc 文档、BRMS 系统部署包等，官方下载界面如图 A-1 所示。

Drools 7.x 版本是以 Drools 6.x 版本为基础进行的大版本迭代，核心 API 基本沿用 Drools 6.x。Drools 7.x 版本目前处于快速迭代更新的过程中，如果你的业务系统没有强制要求必须使用 Tomcat，那么可考虑采用 Drools 7.x 版本。在 Drools 7.x 中，由于其他应用程序服务器的维护人员缺失，官方最终仅支持基于 WildFly 这款应用程序服务器来部署

BRMS（Business Central Workbench 和 KIE Execution Server）。

Name	Description	Download
Drools Engine	Drools Expert is the rule engine and Drools Fusion does complex event processing (CEP). Distribution zip contains binaries, examples, sources and javadocs.	Distribution ZIP
Drools and jBPM integration	Drools and jBPM integration with third party project like Spring. Distribution zip contains binaries, examples and sources.	Distribution ZIP
Business Central Workbench	Business Central Workbench is the web application and repository to govern Drools and jBPM assets. See documentation for details about installation.	WildFly 23 WAR
KIE Execution Server	Standalone execution server that can be used to remotely execute rules using REST, JMS or Java interface. Distribution zip contains WAR files for all supported containers.	Distribution ZIP
KIE Server WARS	WAR files for all supported containers	ee7, ee8, webc WAR

图 A-1　官方下载界面

如图 A-1 所示，Drools 包含了 5 类项目文件：

- ❑ Drools Engine：Drools 规则引擎的核心类库，通常直接通过 Maven/Gradle 依赖配置即可获得对应 JAR 包依赖，从官方下载界面下载的压缩包中包含了二进制文件、示例、源码和文档。
- ❑ Drools and jBPM integration：Drools 与 jBPM 整合所需的类库，同样包含了二进制文件、示例、源码和文档。
- ❑ Business Central Workbench：规则管理控制台，管理操作规则资产的图形化管理后台。下载文件为基于 WildFly 23 部署的 WAR 包，也可简称为 Business Central。
- ❑ KIE Execution Server：独立部署的、用来执行规则的服务，支持基于 REST、JMS 或 Java 接口形式的调用。压缩包内包含了 KIE Server 在各个应用程序服务器中部署的 WAR 包。
- ❑ KIE Server WARS：KIE Server 支持的各应用程序服务的 WAR 包。

在实践中，我们经常用到：Drools Engine 中的 Drools 核心 JAR 包，一般通过 Maven/Gradle 等以 JAR 包依赖的形式引入；Business Central Workbench 的 WAR 包；KIE Execution Server 或 KIE Server WARS 中对应环境的 WAR 包。

上述 Business Central Workbench 和 KIE Execution Server 的 WAR 包下载部署，均为常规的应用程序服务部署形式，需要开发者自己来进行环境的配置和搭建。同时，Drools 的官网也提供了一种更加便捷的部署形式：基于 Docker 部署。目前 Drools 提供了 jboss/business-central-workbench 和 jboss/kie-server 的公共镜像。

如果你的项目中已经使用了 Docker 或你对 Docker 有一定的了解，我推荐你使用基于 Docker 部署这种更加便捷的形式。本书重点介绍常规的部署形式，以方便大家更好地学习和实践。

A.2 WildFly 的基本使用

Drools 是 JBoss 开源的规则引擎，大家在选择部署应用程序服务器时，采用同为 JBoss 开源的 WildFly 也是可以理解的。官方提供的 Business Central Workbench 和 KIE Execution Server 都是以 WildFly 为默认应用程序服务器的，因此，对 WildFly 做一个整体的了解，还是非常必要的。

本小节重点介绍 WildFly 的背景、下载安装方法与基本使用方法，为大家后续具体实践做准备。

A.2.1 WildFly 简介

WildFly 原名 JBoss AS 或 JBoss，是一套应用程序服务器，属于开源的企业级 Java 中间件软件，用于实现基于 SOA（面向服务的架构）的 Web 应用和服务。WildFly 包含一组可独立运行的软件。

WildFly 官方用这样一句话来自我介绍：WildFly 是一款功能强大、模块化的、轻量级的应用服务器，它可以帮助你构建出色的应用程序（WildFly is a powerful, modular and lightweight application server that helps you build amazing applications）。

对照其他同类应用程序服务器，WildFly 有以下特点：

❑ 强大的管理功能：WildFly 中的配置文件集中、简单且以用户为中心。配置文件由可以被轻松理解的子系统组成，所有管理功能都以统一的方式，提供多种访问形式，比如 CLI，以及基于 Web 控制台、本地 Java API、REST API 和 JMX 网关等访问。

❑ 模块化：使用 JBoss 模块来提供真正的应用程序隔离，隐藏服务器实现类。所采用的依赖解析算法，排除了依赖类库版本数量的影响。

❑ 轻量级：采用"激进"的内存管理策略，最小化堆内存分配，从而减少堆和对象的流失。管理控制台 100% 无状态，完全由客户端驱动。WildFly 可以在小型设备上运行，并为应用程序留出更多空间。

❑ 遵从基础标准：WildFly 实现了 Jakarta EE 和 Eclipse MicroProfile 的最新企业 Java

标准，从而减少技术人员负担，提升开发效率，专注业务开发。

WildFly 支持两种工作模式：Standalone 和 Managed Domain。Standalone 模式表示是一个独立的服务器，使用 standalone.sh 脚本来启动。Managed Domain 模式支持中心化管理多个服务，在该模式下，WildFly 可以通过 Domain Controller 来控制和管理其他 Domain Server，这种模式常用于高可用的场景下。

为了方便学习，本小节后续均以 Standalone 工作模式来进行操作演示。

A.2.2　WildFly 的安装与启动

Drools 的 BRMS 项目对 WildFly 的版本有一定的要求，比如 Drools 7.70.0.Final 版本使用 WildFly 23。我们在安装部署时尽量选择匹配的版本，否则会出现一些莫名其妙的问题。这里以 WildFly 23.x 版本来演示安装与启动。

1. WildFly 下载与安装

访问 WildFly 的下载地址 https://wildfly.org/downloads/，选择 23.0.2.Final 版本，选择"Jakarta EE Full & Web Distribution"的 .zip 格式进行下载。

需要补充说明的是，Jakarta EE 之前被称为 Java EE，在 Oracle 将 Java EE 的源码贡献给 Eclipse Foundation 之后，改名为 Jakarta EE。由于 WildFly 为纯 Java 开发的服务器，该版本的运行环境需要 Java 8 及以上版本。

下载完成，解压之后无须安装即可直接执行。在执行之前，先来看一下 WildFly 的目录结构。

```
.
├── LICENSE.txt
├── README.txt
├── appclient
├── bin
├── copyright.txt
├── docs
├── domain
├── jboss-modules.jar
├── modules
├── standalone
└── welcome-content
```

对 WildFly 的文件目录做一个简单的说明。

❑ README.txt：提供了文档信息、启动脚本信息等。

❑ appclient：应用客户端目录，包含了应用程序客户端配置和日志配置文件。

❑ bin：存放各种操作脚本的目录。

❑ docs：存放文档、配置示例和版权信息的目录。

❑ domain：Managed Domain 模式的专用目录。

❑ modules：存放各类模块的目录。

❑ standalone：Standalone 模式的专用目录。

❑ welcome-content：默认的欢迎页面。

在上述目录及文件中，我们重点关注 README.txt、bin 和 standalone。README.txt 中对 WildFly 的启动做了指导，bin 中存放了启动用的 standalone.sh 脚本，standalone 中存放了以 Standalone 模式启动的配置文件、部署的应用、依赖、日志等信息。在 standalone/configuration 目录下还存放了针对不同场景的配置文件，如 standalone.xml（默认配置）、standalone-ha.xml（高可用配置）、standalone-full.xml（包含所有组件配置）、standalone-full-ha.xml（包含所有组件高可用配置）、standalone-microprofile.xml（微服务配置）、standalone-microprofile-ha.xml（高可用微服务配置）等。这里采用默认配置即可。

2. WildFly 启动

这里采用 Standalone 模式启动，进入 bin 目录下，执行 standalone.sh 命令。

```
./standalone.sh
```

上述命令是与 Linux 操作系统相对应的命令，如果是 Windows 系统则命令后缀为 .bat，后续相关操作类似，不再赘述。

如果需要指定配置文件，则通过 server-config 参数来实现。

```
./standalone.sh --server-config=standalone-full-ha.xml
```

这里暂时采用默认配置，执行上述命令，在控制台看到如下输出，即表示启动成功。

```
16:13:24,902 INFO   [org.wildfly.extension.undertow] (MSC service thread 1-3)
    WFLYUT0018: Host default-host starting
16:13:25,008 INFO   [org.wildfly.extension.undertow] (MSC service thread 1-4)
    WFLYUT0006: Undertow HTTP listener default listening on 127.0.0.1:8080
16:13:25,063 INFO   [org.jboss.as.ejb3] (MSC service thread 1-8) WFLYEJB0493:
    Jakarta Enterprise Beans subsystem suspension complete
16:13:25,139 INFO   [org.jboss.as.connector.subsystems.datasources] (MSC service
    thread 1-7) WFLYJCA0001: Bound data source [java:jboss/datasources/ExampleDS]
16:13:25,277 INFO   [org.jboss.as.patching] (MSC service thread 1-4) WFLYPAT0050:
    WildFly Full cumulative patch ID is: base, one-off patches include: none
```

```
16:13:25,294 WARN  [org.jboss.as.domain.management.security] (MSC service thread
    1-6) WFLYDM0111: Keystore /Users/zzs/tools/drools/wildfly/standalone/
    configuration/application.keystore not found, it will be auto generated on
    first use with a self signed certificate for host localhost
16:13:25,301 INFO  [org.jboss.as.server.deployment.scanner] (MSC service thread
    1-8) WFLYDS0013: Started FileSystemDeploymentService for directory /Users/
    zzs/tools/drools/wildfly/standalone/deployments
16:13:25,328 INFO  [org.wildfly.extension.undertow] (MSC service thread 1-1)
    WFLYUT0006: Undertow HTTPS listener https listening on 127.0.0.1:8443
16:13:25,565 INFO  [org.jboss.ws.common.management] (MSC service thread 1-1)
    JBWS022052: Starting JBossWS 5.4.3.Final (Apache CXF 3.3.10)
16:13:25,648 INFO  [org.jboss.as.server] (Controller Boot Thread) WFLYSRV0212:
    Resuming server
16:13:25,649 INFO  [org.jboss.as] (Controller Boot Thread) WFLYSRV0025: WildFly
    Full 23.0.2.Final (WildFly Core 15.0.1.Final) started in 4205ms - Started 319
    of 558 services (344 services are lazy, passive or on-demand)
16:13:25,651 INFO  [org.jboss.as] (Controller Boot Thread) WFLYSRV0060: Http
    management interface listening on http://127.0.0.1:9990/management
16:13:25,652 INFO  [org.jboss.as] (Controller Boot Thread) WFLYSRV0051: Admin
    console listening on http://127.0.0.1:9990
```

在上述输出中，可以看出当 WildFly 启动完成之后，默认监听了 8080、8443 和 9990 端口。

访问 http://localhost:8080/，展示 WildFly 的首次启动页面，如图 A-2 所示。

图 A-2　WildFly 首次启动页面

在该启动页面中，除了"Administration Console"之外，其他页面都是公网页面的超链接，包含文档、快速手册、问题（Issue）等。单击"Administration Console"与直接访问控制台输出的地址 http://127.0.0.1:9990 效果一样，都会进入初始化用户提示页面，如图 A-3 所示。

Welcome to WildFly

Your WildFly Application Server is running.

However you have not yet added any users to be able to access the admin console.

To add a new user execute the add-user.sh script within the bin folder of your WildFly installation and enter the requested information.

By default the realm name used by WildFly is "ManagementRealm" this is already selected by default.

After you have added the user follow this link to Try Again.

图 A-3　WildFly 初始化用户提示页面

图 A-3 所示页面提示我们，在部署应用之前，需要先通过 add-user.sh 脚本来创建一个用于访问管理控制台（admin console）的用户。

新打开一个命令行窗口，进入 bin 目录，执行 add-user.sh 脚本。

```
192:bin zzs$ ./add-user.sh
What type of user do you wish to add?
a) Management User (mgmt-users.properties)
b) Application User (application-users.properties)
(a):
```

选择 a，创建管理账号。

```
Enter the details of the new user to add.
Using realm 'ManagementRealm' as discovered from the existing property files.
Username : wildfly
Password recommendations are listed below. To modify these restrictions edit the
    add-user.properties configuration file.
- The password should be different from the username
- The password should not be one of the following restricted values {root, admin,
```

```
    administrator}
- The password should contain at least 8 characters, 1 alphabetic character(s),
    1 digit(s), 1 non-alphanumeric symbol(s)
Password :
Re-enter Password :
What groups do you want this user to belong to? (Please enter a comma separated
    list, or leave blank for none)[ ]:
About to add user 'wildfly' for realm 'ManagementRealm'
Is this correct yes/no? yes
Added user 'wildfly' to file '/Users/zzs/tools/drools/wildfly/standalone/
    configuration/mgmt-users.properties'
Added user 'wildfly' to file '/Users/zzs/tools/drools/wildfly/domain/
    configuration/mgmt-users.properties'
Added user 'wildfly' with groups  to file '/Users/zzs/tools/drools/wildfly/
    standalone/configuration/mgmt-groups.properties'
Added user 'wildfly' with groups  to file '/Users/zzs/tools/drools/wildfly/
    domain/configuration/mgmt-groups.properties'
Is this new user going to be used for one AS process to connect to another AS
    process?
e.g. for a slave host controller connecting to the master or for a Remoting
    connection for server to server Jakarta Enterprise Beans calls.
yes/no?
```

在选择完要创建的账户类型之后，设置用户名为"wildfly"，设置密码为"Wild_Fly_123"（密码有一定的强度要求），完成设置用户归属分组等操作，最后会生成一个代表用户身份的密钥。

```
Is this new user going to be used for one AS process to connect to another AS
    process?
e.g. for a slave host controller connecting to the master or for a Remoting
    connection for server to server Jakarta Enterprise Beans calls.
yes/no? yes
To represent the user add the following to the server-identities definition
    <secret value="V2lsZF9GbHlfMTIz" />
```

在上述操作的提示信息中，可以看出，添加 wildfly 这个账户时，改动了 standalone/configuration 和 standalone/domain 目录下的 mgmt-users.properties、mgmt-groups.properties 文件的配置。它们分别代表管理用户和管理用户组的信息。

再次进入管理控制台或直接访问 http://127.0.0.1:9990，在弹出框内输入刚刚设置的用户名和密码，即可进入管理界面，如图 A-4 所示。

在图 A-4 所示的页面中可进行服务的部署、监控、配置，以及子系统管理、用户管理等操作。除了通过 Web 界面管理之外，还可以直接通过 console 命令来进行管理。

```
./jboss-cli.sh --connect
```

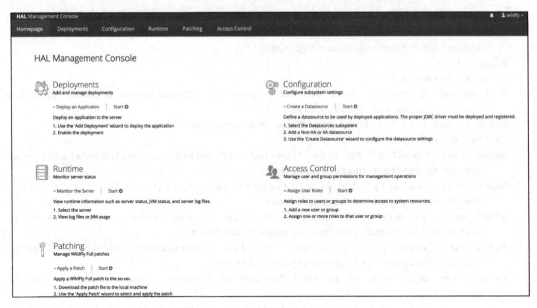

图 A-4　WildFly 管理界面

上述命令在本机执行，不需要密码即可直接连接并进行操作。这个命令主要用来应对无法通过 Web 界面操作的情况，通过 Web 界面操作更方便。

至此，我们便完成了 WildFly 的下载、安装、启动、配置账户等操作，后续便可基于此，进行 KIE Server 及 Business Central Workbench 项目的部署和操作了。

A.3　KIE Server 简介

KIE Server 就是 KIE Execution Server，它是 Drools 提供的一个基于 Java 的 Web 应用，可以被部署在 WildFly、Tomcat 或其他 Web 容器中。通过 KIE Server，可以将规则或业务处理以 REST 或 JMS 接口的形式暴露给远程服务。KIE Server 的功能侧重于规则的远程执行，支持 Drools 引擎和 jBPM 引擎，同时也可以与 Business Central 无缝整合。

KIE Server 的工作原理就是访问 Maven 仓库中的 KJAR，然后通过 HTTP 或 JMS 的方式将其规则或过程暴露给远程客户端。KIE Server 工作原理如图 A-5 所示。

在使用 KIE Execution Server 时，有必要了解以下核心概念：

❑ KIE Server：为规则提供一个纯运行时的环境，可通过 KIE Server Extension 或用户自定义扩展的形式来进行功能扩展。KIE Server 实例是在应用程序服务器上运行的独立的 KIE Server，可为多个 KIE Container 提供支持。

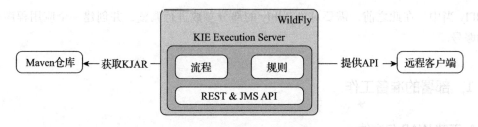

图 A-5　KIE Server 工作原理

❑ KIE Server Extension：可以被理解为 KIE Server 的一个插件，用来扩展 KIE Server 的功能。目前默认支持两个扩展功能：BRM（Business Rule Management，基于 Drools 引擎，扩展名为 Drools）；BPM（Business Process Management，基于 jBPM 引擎，扩展名为 OptaPlanner）。

❑ Controller：为服务端提供的 REST 端点（Endpoint），用于管理 KIE Server 实例。这些端点必须支持连接响应请求、同步对应 KIE Server ID 上注册的所有容器、断开连接请求。

❑ KIE Server State：指定 KIE Server 实例的当前状态，相关信息存储在本地文件中，包括已注册的 Drools Controller 列表、已知容器列表、KIE Server 的配置信息等。

❑ KIE Server ID：为配置文件分配的任意的标识符。在启动时，每个 KIE Server 实例都会分配一个 ID，该 ID 与 Drools Controller 上的配置相匹配。KIE Server 匹配到对应的配置并进行配置。

除了以上核心概念之外，还有两个概念我们需要了解一下：Managed KIE Server（托管 KIE Server）和 Unmanaged KIE Execution Server（非托管 KIE Server）。其中，Managed KIE Server 是指通过 Drools Controller 来集中维护和管理 KIE Server 的配置，一个 Drools Controller 可同时管理多个配置，如果在启动时未连接上任何一个 Drools Controller，则无法启动。KIE Server 的这个模式类似于 WildFly 的 Managed Domain 模式。

Unmanaged KIE Execution Server 只是一个独立的实例，不需要连接任何 Drools Controller。因此，必须使用 KIE Server 自身的 REST/JMS API 来配置。该模式类似于 WildFly 的 Standalone 模式。为方便演示，后续部署及案例均采用该模式。

在了解了 KIE Server 的基本功能、工作原理及核心概念之后，我们就开始部署 KIE Server 项目吧。

A.4　KIE Server 的部署

前面已经完成了 WildFly 的配置与启动，现在就将 KIE Server 的 WAR 包部署到

WildFly 当中。在此之前，需要对 WildFly 的部分参数进行调整，并创建一个应用程序可访问的账号。

A.4.1 部署的准备工作

1. 下载 WAR 包文件

在部署之前需要先下载 KIE Server 的 WAR 包文件，后续配合 Workbench 使用时需保持两者的版本一致，这里统一采用 7.70.0.Final 版本，大家可在前面提到的下载地址中进行下载。

解压 kie-server-distribution-7.70.0.Final.zip 会得到多个 WAR 文件，重点关注以下 3 个：

- ❑ kie-server-7.70.0.Final-ee7.war：适用于 WildFly 的 WAR 包。
- ❑ kie-server-7.70.0.Final-webc.war：适用于 Tomcat 等普通 Web（Servlet）容器的 WAR 包。
- ❑ kie-server-xxx.Final-ee6.war：如果使用的是其他版本，包含类似该名称的文件就是适用于 JBoss EAP 的 WAR 包。当前版本并不包含此文件。

这里我们统一采用 WildFly 部署，因此使用 kie-server-7.70.0.Final-ee7.war，并将其重命名为 kie-server.war。

2. 调整 WildFly 参数配置

不同的项目所需的 JVM 内存配置不同，WildFly 对内存进行了优化，默认 JVM 配置值较小，在部署项目之前需要修改默认的 JVM 内存配置信息。

打开 bin/standalone.conf 中的配置，默认配置如下：

```
#
# Specify options to pass to the Java VM.
#
if [ "x$JAVA_OPTS" = "x" ]; then
    JAVA_OPTS="-Xms64m -Xmx512m -XX:MetaspaceSize=96M -XX:MaxMetaspaceSize=256m
        -Djava.net.preferIPv4Stack=true"
    JAVA_OPTS="$JAVA_OPTS -Djboss.modules.system.pkgs=$JBOSS_MODULES_SYSTEM_PKGS
        -Djava.awt.headless=true"
else
    echo "JAVA_OPTS already set in environment; overriding default settings with
        values: $JAVA_OPTS"
fi
```

默认配置中将 Xmx（JVM 堆内存最大值）设置为 512MB，这显然是不够的，官方提供的这两个项目占用内存较大，建议至少调整到 2GB，否则在启动或运行中会出现 OutOfMemoryError 异常。对其他参数，我们可以根据需要进行 JVM 调整优化。

这里将 Xmx 调整为 2GB，同时将其他参数做等比例调整，然后重启 WildFly。在启动日志中会打印出当前 JVM 配置信息，核查是否生效。

```
JAVA_OPTS: -server -Xms256m -Xmx2g -XX:MetaspaceSize=256M -XX:MaxMetaspaceSize=1024m
    -Djava.net.preferIPv4Stack=true -Djboss.modules.system.pkgs=org.jboss.byteman
    -Djava.awt.headless=true
```

完成上面两项准备工作后，便可以进行项目的部署了。

A.4.2　部署流程

KIE Server 的部署流程可分为以下步骤：

1）创建一个对应的用户，并赋予"kie-server"角色。

2）部署 WAR 到应用程序服务器或 Web 容器中，这里是 WildFly。

3）启动 WildFly，并指定 KIE Server ID 和端点。

4）访问 KIE Server 提供的端点，输入用户名和密码信息。

5）核查返回信息是否预期信息，如果是则说明部署成功。

KIE Server 对部署环境也有一定的要求：WildFly 23.x，安装 Java 8 以上版本，安装 Maven 3.5 以上版本。准备好环境后，便可进行 KIE Server 的部署了。

第 1 步，先来创建一个应用用户，将其角色设置为 kie-server 和 rest-all，使用 add-user 脚本进行添加，代码如下：

```
./add-user.sh -a -u kieserver -p kieserver1! -g kie-server,rest-all
```

上述 add-user 脚本命令和之前创建 WildFly 管理员账号的效果一样，创建用户之后所影响的配置文件也相同。需要注意的是上述用户名和密码都是 KIE Server 默认的，如果被修改则可能会导致无法连接 Business Central。同时，该用户的角色需要配置上 kie-server 和 rest-all，特别是新版本中，如果没有配置 rest-all 角色，那么同样会出现无法连接的问题。

第 2 步，部署 KIE Server。此处有两种部署方法：一种是使用管理控制台账号，登录控制台，通过"Deployment"模块进行部署；另外一种是直接将 WAR 包复制到 standalone/deployments 目录下。这里采用第二种方法，直接将 kie-server.war 复制到对应目录下。

第 3 步，启动 WildFly。

```
./standalone.sh --server-config=standalone-full.xml -Dorg.kie.server.id=hello-
    kie-server -Dorg.kie.server.location=http://localhost:8080/kie-server/
    services/rest/server
```

其中，--server-config 指定配置文件为 standalone-full.xml，org.kie.server.id 设置 KIE Server ID 为 hello-kie-server，org.kie.server.location 指定可访问的端点路径。

第 4 步，通过浏览器访问上述启动命令中的端点，并输入用户名和密码。

第 5 步，核查返回信息。此处返回信息如下：

```
KieServer BRM BPM CaseMgmt BPM-UI BRP DMN Swagger http://localhost:8080/kie-
    server/services/rest/server Server KieServerInfo{serverId='hello-kie-
    server', version='7.70.0.Final', name='hello-kie-server', location='http://
    localhost:8080/kie-server/services/rest/server', capabilities=[KieServer,
    BRM, BPM, CaseMgmt, BPM-UI, BRP, DMN, Swagger]', messages=null',
    mode=DEVELOPMENT}started successfully at Mon Jun 06 07:57:20 CST 2022 INFO
    2022-06-06T07:57:20.314+08:00 DEVELOPMENT hello-kie-server hello-kie-server
    7.70.0.Final
```

上面信息是通过 Swagger 扩展能力返回的，其中包括 KIE Server 的版本信息、名称、URL 路径、模式（开发模式）以及支持的扩展能力列表。后续日志也表明启动成功。

当然，也可以通过 curl 命令，直接将第 4 步和第 5 步合并处理，同时基于 JSON 的形式访问并返回结果。

请求命令如下：

```
curl -u 'kieserver:kieserver1!' -H 'Accept: application/json' 'http://
    localhost:8080/kie-server/services/rest/server'
```

返回结果如下：

```
{
    "type" : "SUCCESS",
    "msg" : "Kie Server info",
    "result" : {
        "kie-server-info" : {
        "id" : "hello-kie-server",
        "version" : "7.70.0.Final",
        "name" : "hello-kie-server",
        "location" : "http://localhost:8080/kie-server/services/rest/server",
        "capabilities" : [ "KieServer", "BRM", "BPM", "CaseMgmt", "BPM-UI",
            "BRP", "DMN", "Swagger" ],
        "messages" : [ {
```

```
        "severity" : "INFO",
        "timestamp" : {
    "java.util.Date" : 1654495992497
},
        "content" : [ "Server KieServerInfo{serverId='hello-kie-
            server', version='7.70.0.Final', name='hello-kie-server',
            location='http://localhost:8080/kie-server/services/rest/server',
            capabilities=[KieServer, BRM, BPM, CaseMgmt, BPM-UI, BRP, DMN,
            Swagger]', messages=null', mode=DEVELOPMENT}started successfully
            at Mon Jun 06 14:13:12 CST 2022" ]
        } ],
        "mode" : "DEVELOPMENT"
    }
  }
}
```

这与在浏览器直接请求返回信息的内容基本一致，后续大多数对 KIE Server 接口能力的测试都是以 curl 命令的形式来执行的。

KIE Server 部署完毕，下面我们以一个具体的案例来演示如何在实战中运用。

A.5　KIE Server 实践

下面我们以一个完整的案例来演示如何通过 KIE Server 提供的 API 来进行规则（资产）发布、KIE Container 创建，以及如何通过 REST API 来进行调用。

A.5.1　IDE 创建规则

关于如何通过 IDE 创建 KJAR 文件，前面的章节中已经讲解过，这里不再赘述。同时，考虑到方便演示、减少代码占用篇幅等，这里将规则进行了简化处理。

在 IDE 中创建一个普通的 Maven 项目，目录结构如下：

```
.
├── pom.xml
├── src
│   ├── main
│   │   ├── java
│   │   └── resources
│   │       ├── META-INF
│   │       │   └── kmodule.xml
│   │       └── rules
│   │           └── hello-kie-server.drl
```

其中 pom.xml 的内容如下：

```
<?xml version="1.0" encoding="UTF-8"?>
<project xmlns="http://maven.apache.org/POM/4.0.0"
        xmlns:xsi="http://www.w3.org/2001/XMLSchema-instance"
        xsi:schemaLocation="http://maven.apache.org/POM/4.0.0 http://maven.
            apache.org/xsd/maven-4.0.0.xsd">
    <modelVersion>4.0.0</modelVersion>

    <groupId>com.secbro2</groupId>
    <artifactId>hello-kie-server</artifactId>
    <version>1.0</version>
    <packaging>jar</packaging>
    <name>hello-kie-server</name>
</project>
```

这里未引入任何依赖类，只定义了项目的 groupId、artifactId、version 等信息，在 KIE Server 加载 KJAR 时会用到这些信息。

kmodule.xml 文件内容如下：

```
<?xml version="1.0" encoding="utf-8" ?>
<kmodule xmlns="http://www.drools.org/xsd/kmodule">
</kmodule>
```

这相当于定义了一个空的 kmodule 文件，也就是说 KieBase 和 KieSession 都采用默认的配置。kmodule.xml 是必需的，这一点在前文已经讲过。

hello-kie-server.drl 规则文件内容如下：

```
rule "hello-kie-server"

when
    $name: String()
then
    System.out.println("Hello " + $name);
end
```

规则很简单，当规则接收到一个类型为 String 的参数时，规则被触发并赋值给 $name，然后执行部分会拼接字符串并打印。

最后，需要将其打包到 Maven 仓库中，为方便演示，直接通过本地 Maven 命令 install 安装到本地仓库。

```
mvn clean install
```

执行完上述命令，关于 KJAR 的准备工作就已经完成了。这个过程涉及 IDE 的规则编写以及本地的 Maven 支持。

A.5.2　创建 Container

KIE Container 是一个自包含的环境，打包和发布的规则实例都包含在其中。我们可以基于 KIE Server 提供的 REST API 来创建，即向端点 http://localhost:8080/kie-server/services/rest/server/containers/hello 发送一个 PUT 请求，并传输对应的数据信息。发送 PUT 请求有两种方式：一种是基于 curl 命令，一种是基于 Postman 等工具。

这里以 curl 命令为例，具体命令如下：

```
curl -X PUT -H 'Content-type: application/xml' -u 'kieserver:kieserver1!' --data
    @createContainer.xml http://localhost:8080/kie-server/services/rest/server/
    containers/hello
```

createContainer.xml 的内容如下：

```xml
<?xml version="1.0" encoding="UTF-8" standalone="yes"?>
<kie-container container-id="hr">
    <release-id>
        <group-id>com.secbro2</group-id>
        <artifact-id>hello-kie-server</artifact-id>
        <version>1.0</version>
    </release-id>
</kie-container>
```

这里 release-id 元素中的 group-id 等与创建 KJAR 项目时 pom.xml 中定义的 groupid 等保持一致。

在执行上述命令时，如果观察 WildFly 控制台日志，会发现打印了类似如下的日志：

```
INFO   [org.drools.compiler.kie.builder.impl.InternalKieModuleProvider] (default
    task-1) Creating KieModule for artifact com.secbro2:hello-kie-server:1.0
INFO   [org.drools.modelcompiler.CanonicalKieModuleProvider] (default task-1) No
    executable model found for artifact com.secbro2:hello-kie-server:1.0. Falling
    back to resources parsing.
INFO   [org.drools.compiler.kie.builder.impl.KieContainerImpl] (default task-1)
    Start creation of KieBase: defaultKieBase
INFO   [org.drools.compiler.kie.builder.impl.KieContainerImpl] (default task-1)
    End creation of KieBase: defaultKieBase
INFO   [org.kie.server.services.jbpm.JbpmKieServerExtension] (default task-1)
    Container hello does not include processes, jBPM KIE Server extension skipped
INFO   [org.kie.server.services.impl.KieServerImpl] (default task-1) Container
    hello (for release id com.secbro2:hello-kie-server:1.0) successfully started
```

在上述日志中可以看出，KIE Server 中依次创建了 KieModule、KieBase、KieContainer 等，最后打印 Container，说明创建成功。

curl 命令请求会同时返回如下结果：

```xml
<?xml version="1.0" encoding="UTF-8" standalone="yes"?>
<response type="SUCCESS" msg="Container hello successfully deployed with module
    com.secbro2:hello-kie-server:1.0.">
    <kie-container container-id="hello" status="STARTED">
        <messages>
            <content>Container hello successfully created with module com.
                secbro2:hello-kie-server:1.0.</content>
            <severity>INFO</severity>
            <timestamp>2022-06-07T21:24:35.154+08:00</timestamp>
        </messages>
        <release-id>
            <artifact-id>hello-kie-server</artifact-id>
            <group-id>com.secbro2</group-id>
            <version>1.0</version>
        </release-id>
        <resolved-release-id>
            <artifact-id>hello-kie-server</artifact-id>
            <group-id>com.secbro2</group-id>
            <version>1.0</version>
        </resolved-release-id>
        <scanner status="DISPOSED"/>
    </kie-container>
</response>
```

至此，名称为"hello"的 Container 创建成功，对应的 container_id 为"hello"，状态为"STARTED"，下面我们就可以执行部署完成的规则或过程了。

A.5.3　执行业务规则

按照 KIE Server 的 JSON 参数规范，我们构建一个用来批量执行规则的 JSON 文件，命名为 @helloCommands，具体内容如下：

```json
{
    "commands" : [
        { "insert" : { "object" : "Drools"    } },
        { "insert" : { "object" : "KIE Server" } },
        { "fire-all-rules" : { } }
    ]
}
```

在上述命令参数中，先执行两个 insert 命令，然后执行 "fire-all-rules" 命令。通过 Postman 或 curl 命令执行实例的 "hello" 规则。

```
curl -X POST -H 'X-KIE-ContentType: JSON' -H 'Content-type: application/json' -u
    'kieserver:kieserver1!' --data @helloCommands.json http://localhost:8080/kie-
    server/services/rest/server/containers/instances/hello
```

执行成功，返回结果如下：

```
{
    "type" : "SUCCESS",
    "msg" : "Container hello successfully called.",
    "result" : {
        "execution-results" : {
            "results" : [ ],
            "facts" : [ ]
        }
    }
}
```

同时，在控制台可以看到规则被触发所打印的日志如下：

```
INFO  [stdout] (default task-1) Hello William
INFO  [stdout] (default task-1) Hello Francesco
```

至此，关于规则的调用与触发验证完毕。

上面所有操作都是通过 curl 命令来进行的，Drools 还为我们提供了一套专门的 Java 版本的 client 工具包，我们可以通过编程的形式调用这个工具包，后面会举例说明。

A.5.4 KIE Server REST API

上面具体实例运用了创建 Container 的 API 和执行规则的 API，除此之外，基于 KIE Server API 还可以执行以下操作：

❑ 部署或销毁 KIE Container。
❑ 检索和更新 KIE Container 中的信息。
❑ 返回 KIE Server 的状态和基础信息。
❑ 检索和更新业务资产（规则）信息。
❑ 执行规则。

通常需要在请求消息的头（header）中定义消息报文的格式，目前支持 application/json 和 application/xml 两种报文格式。请求支持的 HTTP 方法有 GET、POST、PUT、DELETE。

请求的基础 URL（Base URL）为 http://SERVER:PORT/kie-server/services/rest/，具体可参考上面的实例。当访问指定的 Container 时，拼接上对应的端点信息 "/server/containers/{containerId}"。一个完整的 URL 请求示例为 http://localhost:8080/kie-server/services/rest/server/containers/hello。

请求的参数可以通过 URL 参数拼接或用 body 元素传输的形式来进行传递。

对于每个操作对应的具体端点，这里就不再罗列了，读者可参考官方文档。

A.5.5　Java Client API 与 KIE Server 交互示例

上面示例中的操作都是基于 curl 命令来进行的，当然其本质上都是 HTTP 请求，开发人员可以根据自己的需要进行代码封装。不过官方已经为我们提供了一套对应的 Java Client API，基于这套 API 我们可以与 KIE Container 及其中的规则交互。通常，在使用 KIE Server 的场景中，业务系统调用规则都是基于这套 API 来完成的。

Java Client API 支持的功能与 REST API 的是一致的，下面以执行触发规则命令为例，展示如何使用 Java Client API。

pom.xml 引入相关类库依赖，代码如下：

```
<properties>
    <maven.compiler.source>1.8</maven.compiler.source>
    <maven.compiler.target>1.8</maven.compiler.target>
    <drools.version>7.70.0.Final</drools.version>
</properties>

<dependencies>
    <!-- 连接 KIE Server 依赖 -->
    <dependency>
        <groupId>org.kie.server</groupId>
        <artifactId>kie-server-client</artifactId>
        <version>${drools.version}</version>
    </dependency>

    <!-- 运行命令依赖 -->
    <dependency>
        <groupId>org.drools</groupId>
        <artifactId>drools-compiler</artifactId>
        <scope>runtime</scope>
        <version>${drools.version}</version>
    </dependency>
</dependencies>
```

具体调用 KIE Server，执行触发规则示例代码如下：

```java
public class KieServerCommandTest {

    private static final String URL = "http://localhost:8080/kie-server/services/
        rest/server";
    private static final String USER = "kieserver";
    private static final String PASSWORD = "kieserver1!";
    private static final MarshallingFormat FORMAT = MarshallingFormat.JSON;

    private static KieServicesConfiguration conf;
    private static KieServicesClient kieServicesClient;

    public static void main(String[] args) {
        initialize();
        executeCommand();
    }

    /**
     * 初始化连接配置和 KieServicesClient
     */
    public static void initialize() {
        conf = KieServicesFactory.newRestConfiguration(URL, USER, PASSWORD);
        conf.setMarshallingFormat(FORMAT);
        kieServicesClient = KieServicesFactory.newKieServicesClient(conf);
    }

    public static void executeCommand() {
        // 封装待执行的命令
        KieCommands commandsFactory = KieServices.Factory.get().getCommands();
        // insert 命令
        Command<?> insert = commandsFactory.newInsert("Drools");
        // 触发规则命令
        Command<?> fireAllRules = commandsFactory.newFireAllRules();
        // 构建成一个命令批次
        Command<?> batchCommand = commandsFactory.newBatchExecution(Arrays.
            asList(insert, fireAllRules));

        // 获取客户端对象，并调用执行命令
        String containerId = "hello";
        RuleServicesClient rulesClient = kieServicesClient.getServicesClient(Rul
            eServicesClient.class);
        ServiceResponse<ExecutionResults> executeResponse = rulesClient.executeC
            ommandsWithResults(containerId, batchCommand);

        // 返回结果判断与处理
        if (executeResponse.getType() == KieServiceResponse.ResponseType.SUCCESS) {
            System.out.println("成功返回结果信息：" + executeResponse.getMsg());
```

```
        } else {
            System.out.println(" 失败返回结果信息：" + executeResponse.getMsg());
        }
    }
}
```

执行示例代码，返回结果如下：

成功返回结果信息：Container hello successfully called.

这个返回结果说明规则被成功执行，此时还可以观察 WildFly 的控制台，有 "Hello Drools" 日志输出。

上述 API 调用代码可分为 5 个部分：

❑ 初始化连接 KIE Server 的配置信息。
❑ 初始化客户端连接。
❑ 封装指令，并将指令放到一个批次中。
❑ 客户端调用 KIE Server 执行规则。
❑ 客户端对执行结果进行处理。

关于其他接口的方法的封装，这里不再逐一举例，大家可以关注 KieServicesClient 类中的方法定义及说明。从本质上讲，KieServicesClient 中定义的方法是对 KIE Server 和 KIE Container 命令的封装。对应的完整命令列表（XxxCommand 类）位于 kie-server-api-7.70.0.Final.jar 中的 org.kie.server.api.commands 包下。

以 KieServicesClient#getServerInfo 具体实现代码为例：

```
@Override
public ServiceResponse<KieServerInfo> getServerInfo() {
    if( config.isRest() ) {
        return makeHttpGetRequestAndCreateServiceResponse(loadBalancer.getUrl(),
KieServerInfo.class);
    } else {
        CommandScript script = new CommandScript(Collections.singletonList((KieS
            erverCommand) new GetServerInfoCommand()));
        ServiceResponse<KieServerInfo> response = (ServiceResponse<KieServerInfo>)
            executeJmsCommand(script).getResponses().get(0);
        return getResponseOrNullIfNoResponse(response);
    }
}
```

上述代码中使用了 GetServerInfoCommand 类，表示执行的是查询服务信息的命令，其他命令的实现原理与此类似。

运行时用到的操作规则的命令位于 drools-core 中的 org.drools.core.command.runtime 包下，有兴趣的读者可以查看对应的指令和源码。

A.5.6　两个实践问题

上面的示例简单介绍了调用 KIE Server 的整个流程，在实践中可能会遇到以下两个问题。

1. 如何重新加载 Maven 仓库中变动的 KJAR

针对重新加载的问题，可采用两种解决方案：开启 Scanner 自动扫描，更新 ReleaseId。

开启 Scanner 自动扫描，可先通过 KieServicesClient 中定义的 getScannerInfo 方法查看 Scanner（自动扫描 KJAR 程序）是否已经开启。如果已经开启，再通过 updateScanner 方法来开启自动扫描。后续，如果 Maven 仓库中的 KJAR 包有变动，则会重新加载发布规则。但要注意，KJAR 的版本信息等需要遵循 Scanner 的升级规则。

除了自动扫描之外，还可以通过调用 KieServicesClient#updateReleaseId 方法来直接指定更新发布哪个版本的 KJAR。相对于自动扫描，这种解决方案可以更加灵活地加载指定的 KJAR。

2. 如何加载远程 Maven 仓库的 KJAR

在了解如何加载远程 Maven 仓库中的 KJAR 之前，我们需要先了解 KIE Server 默认获取 Maven settings 配置的 3 个路径。

❏ Maven 安装路径，默认为 $M2_HOME/conf/settings.xml。
❏ Maven settings.xml 文件默认路径为 ${user.home}/.m2/settings.xml。
❏ 通过 KIE Server 系统属性配置指定的路径，配置属性为 kie.maven.settings.custom。

在实际使用中，会对这 3 个路径下配置中的仓库进行合并处理。了解了这个机制，大家也就理解了为什么直接通过 Maven 命令安装（install）到本地之后，本地的 KIE Server 便可以直接加载对应的 KJAR 了。

此时，如果需要连接远程的 Maven 仓库（比如 Nexus），就只需在 settings.xml 中配置并激活对应仓库的 profile 即可。配置示例如下：

```
<profiles>
    <profile>
        <id>kie</id>
        <properties>
        </properties>
        <repositories>
            <repository>
                <id>jboss-public-repository-group</id>
                <name>JBoss Public Maven Repository Group</name>
                <url>http://mynexus:8081/nexus/content/repositories/releases</url>
                <layout>default</layout>
                <releases>
                    <enabled>true</enabled>
                    <updatePolicy>never</updatePolicy>
                </releases>
                <snapshots>
                    <enabled>true</enabled>
                    <updatePolicy>always</updatePolicy>
                </snapshots>
            </repository>
        </repositories>
        // …
    </profile>
    <activeProfiles>
        <activeProfile>kie</activeProfile>
    </activeProfiles>
```

　　KIE Server 会先从 Maven 的默认 settings.xml 存放位置获取 KJAR 所在的仓库配置。当然，如果需要单独灵活配置，我们可以通过 kie.maven.settings.custom 属性进行指定。

附录 B   *Appendix B*

KIE Server + Business Central+ WildFly 实战

通过附录 A 所讲解的操作，我们完成了 KIE Server 的部署及使用，但在使用的过程中 KIE Server 存在一个很明显的缺点，那就是只能由开发人员通过 IDE 编写规则，发布到 Maven 仓库，再由 KIE Server 加载。业务人员是无法参与这个过程中的。

要实现业务人员通过图形化界面管理规则，还需要一套管理规则的创建和发布系统，而 Drools 为我们提供的对应系统便是 Business Central Workbench。本章便围绕 Business Central Workbench 展开，讲解其基于 WildFly 的部署，与 KIE Server 的交互，以及如何通过图形化界面来实现规则的创建、测试、发布等功能。

B.1   Business Central 简介

B.1.1   Business Central 功能

Business Central Workbench 简称 Business Central 或 Workbench，它是 KIE 系列中负责可视化规则管理、流程管理的编辑器，可以使非技术人员也能够轻松参与规则和流程的制定和管理。

在 Business Central 管理后台可以看到，除规则管理之外，还有 jBPM、OptaPlanner 等功能，也就是说 Business Central 是为 KIE 构建的，规则引擎只是 KIE 中一个具体领域的功能实现。同时，Business Central 为了支持规则的版本管理和发布，还内置了 Maven、Git

等其他大量辅助性工具。当然，本书重点关注 Drools 及相关组件在 Business Central 中的使用，大家可自行探索尝试其他功能。

正因为 Business Central 包含了太多内容，它的优缺点也就比较明显了。它的优点：提供了可视化的规则管理、发布功能，可以使非技术人员参与规则管理，而且可以与 KIE Server 无缝衔接，可以轻松地将创建好的规则发布到 KIE Server 当中，并进行版本管理等操作。

Business Central 的缺点：提供的功能过多，导致整个系统显得臃肿，界面操作与国人的操作习惯不一致，且定制化成本较高。这也是拥有开发能力的团队往往会自行研发的原因。

B.1.2 Business Central 与 KIE Server 架构

在具体学习 Business Central 的部署与操作之前，我们先整体了解它与 KIE Server 在具体使用过程中的架构关系。

图 B-1 展示了 Business Central、KIE Server、业务系统以及 WildFly 之间的关系。

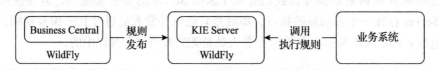

图 B-1　Business Central、KIE Server、业务系统以及 WildFly 之间的关系

在图 B-1 中，Business Central 负责规则管理以及所使用的 KIE Server 配置和调度。规则创建完成后，可直接在 Business Central 中执行发布操作，被发布到 KIE Server 当中。业务系统可通过 KIE Server 对外公布的 API 调用，然后由 KIE Server 执行具体的规则并返回结果给业务系统。

在学习和测试的过程中，我们可将 Business Central 和 KIE Server 部署在同一个 WildFly 当中；在生产环境中，建议分别部署。

在附录 A 中，我们已经完成了 KIE Server 的部署以及业务系统与 KIE Server 的交互。因此，下面将重点围绕 Business Central 的部署以及与 KIE Server 的交互进行讲解。

B.2　Business Central 的安装与集成

本小节内容涉及 Business Central 下载、基于 WildFly 部署以及与 KIE Server 集成交互所需的启动参数配置等。

B.2.1　Business Central 下载与部署

Business Central 在 6.x 版本中支持部署到 Tomcat、WildFly、WebLogic 等多种 Web 容器内，但在 7.x 版本中陆续不再维护其他应用容器，目前主要支持部署到 WildFly 中。这里仅以部署到 WildFly 中为例进行演示。

Business Central 7.x 的 WAR 包文件下载路径与 KIE Server 一致。在介绍 KIE Server 时，我已经对图 A-1 所示官方下载界面中的资源做了简单介绍，这里不再赘述，选择"Business Central Workbench"资源项下载即可。

下载完成，文件名称为 business-central-7.70.0.Final-wildfly23.war，通常我们会将其重命名，比如重命名为 kie-wb.war，以方便后续部署和使用。

Business Central 部署在 WildFly 中有两种方式：第一种方式便是前面部署 KIE Server 的方式，直接将 WAR 包复制到 standalone/deployments 目录下，简单直接；另外一种方式，就是基于 WildFly 的控制台进行部署操作。为了让大家体验一下两种方式的不同，这里采用 WildFly 控制台的部署方式。

在部署之前，同样需要针对 Business Central 添加对应操作用户和角色权限，进入 WildFly 的 bin 目录，执行以下命令：

```
./add-user.sh -a -u workbench -p workbench! -g admin,kie-server,rest-all
```

通过上述命令，创建了一个用户名为"workbench"、密码为"workbench!"的用户，并赋予角色为"admin""kie-server"和"rest-all"。这里需要注意，在低版本中没有"rest-all"角色，而在高版本中需要添加该角色，否则后续可能无法访问 Business Central 的 Git 仓库的 API，从而导致无法正常部署到 KIE Server。大家可在官方文档中查询自己当前版本是否有"rest-all"角色。

进入 bin 目录，先把 WildFly 启动起来，命令如下：

```
./standalone.sh --server-config=standalone-full.xml
```

WildFly 启动成功后，访问 http://127.0.0.1:9990，进入管理后台。管理后台的用户名和密码在附录 A 讲解的操作中已经设置过，我们采用当时设置的用户名和密码，用户名为 wildfly，密码为 Wild_Fly_123。

登录完毕，选择"Deployments"菜单，如图 B-2 所示。

图 B-2　Deployments 菜单界面

进入部署操作页面，在部署操作页面，会看到已经部署了一个名称为"kie-server.war"的服务，如图 B-3 所示。这个服务就是前面通过直接复制 WAR 包到 standalone/deployments 目录下的方式部署的，可谓殊途同归。

在图 B-3 所示界面中单击⊕会弹出 3 个选项，选择"Upload Deployment"。

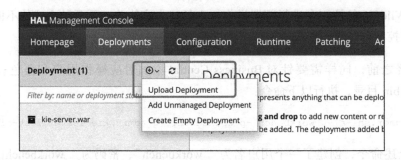

图 B-3　部署操作页面

添加要部署的文件，如图 B-4 所示。

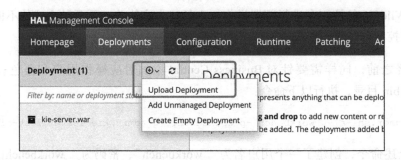

图 B-4　添加部署文件

单击"Choose a file or drag it here",选择本地的已经修改名称为 kie-wb.war 的 WAR 包文件,然后单击"Next"按钮。

将部署应用的名称(Name)修改为 kie-wb,后续访问应用时会用到该名称,保持简短即可,如图 B-5 所示。

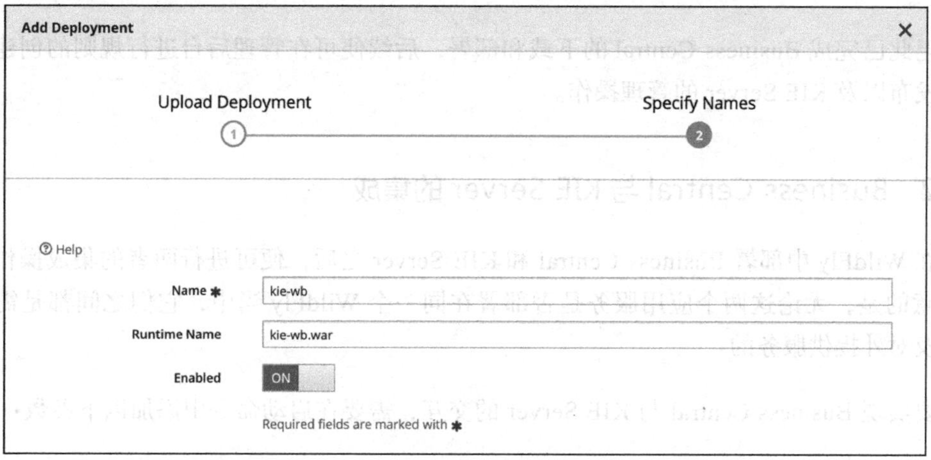

图 B-5　修改部署应用的名称

修改完成,单击下面的"Finish"按钮,完成应用部署。部署成功,会展示成功页面,显示"Upload Successful"。

关闭部署页面,可看到部署成功之后,左边出现了刚部署的"kie-wb"应用以及应用的基本信息,如图 B-6 所示。

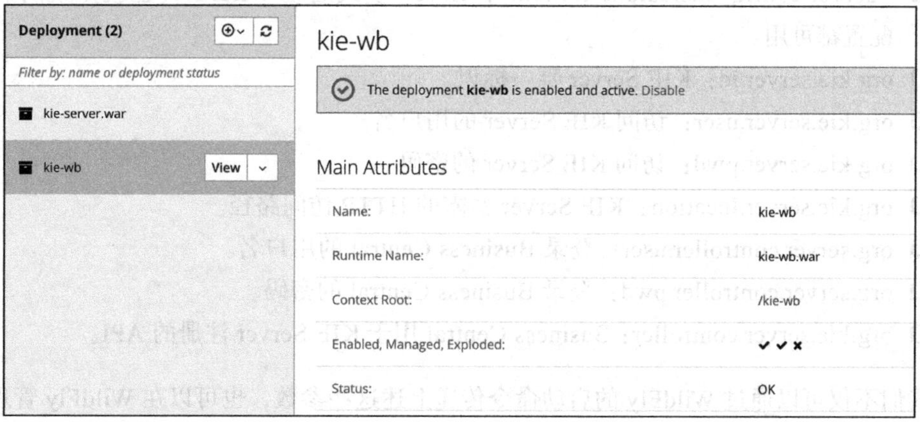

图 B-6　部署成功后的应用基本信息

从图 B-6 所示的提示信息可以看出，应用已经部署成功，并且处于可用状态。访问项目的根路径（Context Root）为 /kie-wb，在浏览器访问 http://127.0.0.1:8080/kie-wb，如果展示出登录界面，则说明应用部署成功。

部署完成，在登录界面输入前面通过脚本创建的用户名（workbench）和密码（workbench!）便可登录 Business Central 管理后台。

至此已完成 Business Central 的下载和部署，后续便可在管理后台进行规则的创建、配置、发布以及 KIE Server 的管理操作。

B.2.2　Business Central 与 KIE Server 的集成

在 WildFly 中部署 Business Central 和 KIE Server 之后，便可进行两者的集成操作。需要注意的是，无论这两个应用服务是否部署在同一个 WildFly 当中，它们之间都是需要交互以及对外提供服务的。

要实现 Business Central 与 KIE Server 的交互，需要在启动命令中添加以下参数：

```
./standalone.sh -c standalone-full.xml -Dorg.kie.server.user=kieserver -Dorg.
    kie.server.pwd=kieserver1! -Dorg.kie.server.location=http://127.0.0.1:8080/
    kie-server/services/rest/server -Dorg.server.controller.user=workbench
    -Dorg.server.controller.pwd=workbench!  -Dorg.kie.server.controller=ht
    tp://127.0.0.1:8080/kie-wb/rest/controller -Dorg.kie.server.id=kie-server
```

上述 WildFly 启动命令中的参数最终会被 Business Central 和 KIE Server 使用，它们的基本含义如下：

- ❑ --server-config=standalone-full.xml：以 full 模式启动 WildFly，也就是说所有服务配置都可用。
- ❑ org.kie.server.id：KIE Server 唯一标识。
- ❑ org.kie.server.user：访问 KIE Server 的用户名。
- ❑ org.kie.server.pwd：访问 KIE Server 的密码。
- ❑ org.kie.server.location：KIE Server 暴露的 HTTP 访问路径。
- ❑ org.server.controller.user：登录 Business Central 的用户名。
- ❑ org.server.controller.pwd：登录 Business Central 的密码。
- ❑ org.kie.server.controller：Business Central 用于 KIE Server 注册的 API。

我们不仅可以通过 WildFly 的启动命令传递上述这些参数，也可以在 WildFly 管理控制台配置它们。

　　登录 WildFly 管理控制台，访问"Configuration"→"System Properties"→"View"，即可配置系统属性，如图 B-7 所示。

```
« Back  /  Configuration ⇒ System Properties

System Properties
A system property to set on the server.

┌─────────────────────────────────────┐          Showing 1 to 1 of 1 Items
│                                     │

Name ^                                            Value

org.kie.server.id                                 hello-kie-server
```

图 B-7　配置系统属性

　　另外，还有一种配置方式就是直接在 standalone-full.xml 中配置上述参数，这样在启动时便无须指定对应的参数，也防止暴露敏感信息。

　　standalone-full.xml 中配置参数示例如下：

```
<system-properties>
    <property name="org.kie.server.id" value="hello-kie-server"/>
    <property name="org.kie.server.controller" value="http://localhost:8080/kie-
        wb/rest/controller"/>
    <property name="org.kie.server.location" value="http://localhost:8080/kie-
        server/services/rest/server"/>
    <property name="org.kie.server.user" value="kieserver"/>
    <property name="org.kie.server.pwd" value="kieserver1!"/>
    <property name="org.kie.server.controller.user" value="workbench"/>
    <property name="org.kie.server.controller.pwd" value="workbench!"/>
</system-properties>
```

　　无论采用上述哪种方式配置系统参数，完成配置之后，都能够成功启动和配置 Business Central 和 KIE Server。

　　后续我们便可以通过 Business Central 来创建规则，并将规则发布在 KIE Server 当中。关于规则的管理与发布，下面会讲到。

B.3　Business Central 规则管理

　　在上一小节中，我们已经完成所有基础工作准备，现在可以登录 Business Central 来进行真正的规则管理与发布操作了。本小节涉及的内容包括空间、项目、规则、实体类的创建和管理操作，以及在 Business Central 中配置 KIE Server，将规则发布到 KIE Server 等实战操作。

B.3.1 Business Central 整体功能

部署完 Business Central，在浏览器访问 http://127.0.0.1:8080/kie-wb，输入用户名和密码即可进入 Business Central 的欢迎界面（主界面），如图 B-8 所示。

图 B-8　Business Central 的欢迎界面[⊖]

从图 B-8 中可以看出，Business Central 对中文的支持并不足够，没有完全的中文版本，默认只做了部分内容的中文显示，后续页面还有很多类似的情况，大家了解该情况即可。

在欢迎界面，我们可以看到 Business Central 的 4 个核心功能模块。

❏ Design（设计）：规则的创建和管理均在该功能模块中，其中包括（工作）空间、项目、页面等项目级别的功能，同时还包括规则相关的包、实体类、规则文件等。

❏ 部署（Deploy）：配置部署服务（比如，KIE Server），以及将创建的资源（比如规则）发布到服务中。

❏ Manage（管理）：该功能模块主要是流程（Process）相关的管理，主要包括流程定义、流程实例、任务和执行错误等信息。

❏ Track（追踪）：该功能模块主要用来展示流程、任务执行的报告信息。

除了上述 4 个功能模块之外，Business Central 还有针对系统层面的配置，比如用户、角色、分组、数据源等功能模块。在实践中主要使用的是 Design、Deploy 两个功能模块，因此我将重点介绍这两个模块的实战操作，如果涉及其他系统层面的配置，会单独讲解。

⊖　Business Central 做了部分汉化，但是非常粗糙，这方面的问题有待解决。

B.3.2 创建空间、创建项目

单击欢迎页面的"Design",首先进入 Spaces 页面,这里的 Spaces 对于编程人员来说,可以类比 Eclipse 中的 workspaces 的概念,即一个个项目的集合,这里称作"空间"。

一个空间可以拥有多个项目。那么空间的作用是什么呢?举个例子,一个组织如果有多个部门,比如研发、运营、销售等部门,那么每个部门都可以对应一个空间。这样,每个部门都可以拥有自己的多个项目。

首次进入 Spaces 页面,系统会默认创建一个叫 MySpace 的空间,如图 B-9 所示。

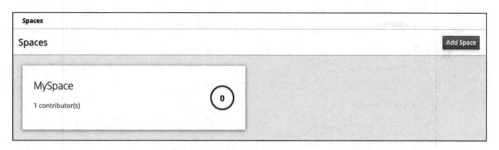

图 B-9 默认创建 MySpace

在 Spaces 页面中单击"Add Space"可以创建多个空间,创建空间时只需填写空间名称和描述即可,进入空间内可删除当前空间。关于空间的操作都很简单,大家重点了解空间的作用即可。

每个空间有 4 个维度的功能——"项目""贡献者""Metrics(度量指标)""设置",如图 B-10 所示。

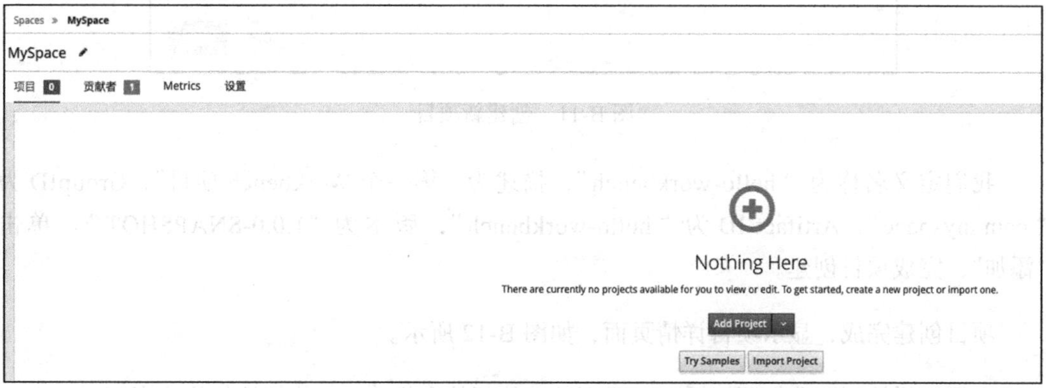

图 B-10 空间页面详情

"贡献者"会显示谁有这个空间的什么操作权限，"Metrics"展示了该空间的一些度量指标，"设置"用于设置原型等。

大家应该重点关注"项目"，可以单击"Import Project"导入已存在的 Drools 项目，也可以单击"Add Project"来添加一个新的项目。

单击"Add Project"创建新项目，如图 B-11 所示。

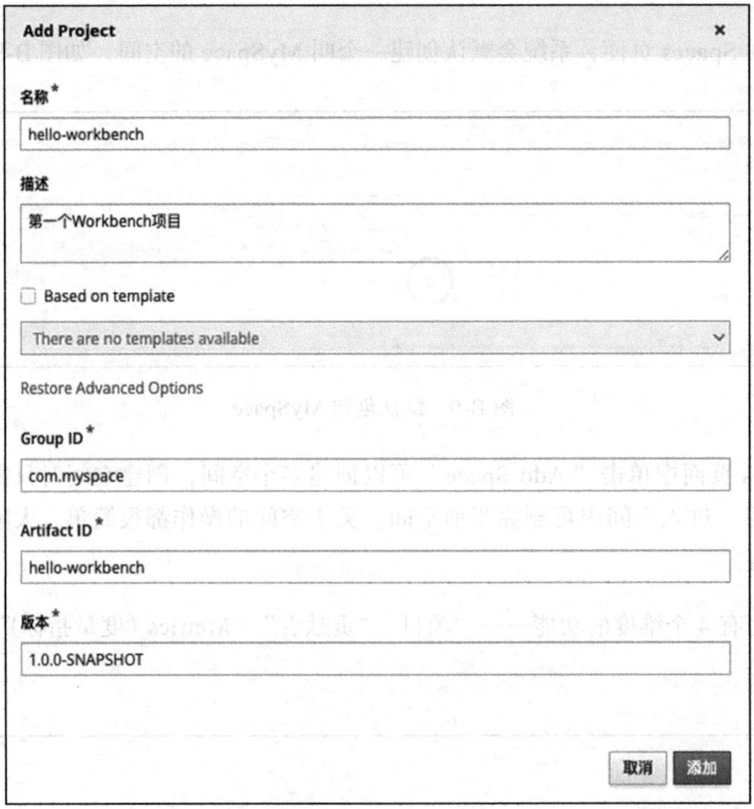

图 B-11　创建新项目

我们定义名称为"hello-workbench"，描述为"第一个 Workbench 项目"，GroupID 为"com.myspace"，Artifact ID 为"hello-workbench"，版本为"1.0.0-SNAPSHOT"。单击"添加"，完成项目创建。

项目创建完成，显示项目详情页面，如图 B-12 所示。

在项目详情页面我们可以看到一系列的功能板块和操作：功能板块依次为资产（Asset）、Change Requests（变更请求）、贡献者、Metrics（度量指标）、设置；操作依次包括 Test（测试）、构建、部署、Hide Alerts（隐藏 / 展示警告信息）等。

图 B-12　项目详情页面

项目的功能板块中，资产功能板块支持资产的创建和导入，这也是我下一步讲解的重点。Change Requests 用于提交一些变更请求。贡献者和 Metrics 的功能与空间功能相似，这里不再赘述。设置功能板块包含内容比较多，包括项目基本信息、依赖关系、KIE Bases、外部数据对象、部署、分支管理等，这里不展开讲解。

项目的操作功能中，Test 用于对整个项目的资产进行测试验证，检查是否有语法错误等。构建操作用于对项目进行 Maven 构建，也就是执行"Build & Install"操作。部署操作就是将构建好的项目部署到指定服务中。Hide Alerts 用于隐藏或展示上述操作中的警告信息，该信息位于页面底部。

关于项目的功能板块和操作，大家先了解这么多。下面我们进行具体的资产创建，在资产创建完毕后，再针对项目中的这些资产进行相应的管理和操作。

B.3.3　创建包、实体类、规则文件

在图 B-12 的项目详情页面，单击"Add Asset"，会出现图 B-13 所示的 Business Central 支持的资产类型。

图 B-13 中的资产类型，我们在实战的过程中几乎都会遇到，但受限于篇幅，这里只讲解最常见的 3 种：包、实体类、规则文件。

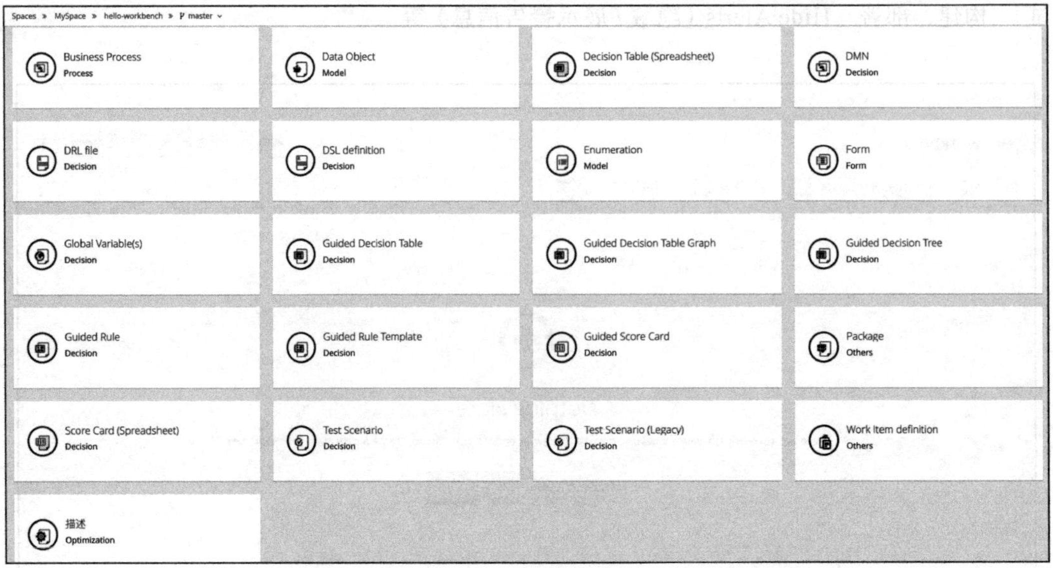

图 B-13　Business Central 支持的资产类型

1. 包

在创建任何其他资产时，弹出的菜单中都会包含"软件包"的选项。这与项目开发时，将某个类或某些类通过包进行划分是一致的。对于 Drools 规则来说，我们已经在基础语法部分讲过，可以通过包（Package）的维度来加载不同组的规则，所以包是比较重要的。同时，创建的实体类（Fact 对象）在规则调用时，还是需要被引入业务系统中的。因此，包的规划也要考虑这一点。

包的创建非常简单，单击"Package"，在弹出页面填写包路径即可，如图 B-14 所示。

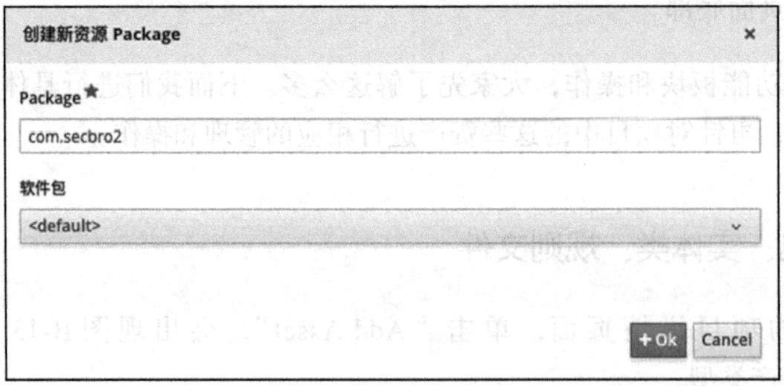

图 B-14　创建包

包创建完成之后，再创建其他资产时，"软件包"选项中就会出现刚刚创建好的包的路径了，直接选择使用即可。

2. 实体类

实体类（Data Object）是一种数据对象，也就是 Fact 对象，与 Java 项目中的实体类相同。当使用规则时，实体类是需要被引入客户端中的，既可以通过 KJAR 引入并直接使用，也可以在客户端程序中创建一个包路径、名称、字段完全一致的类。

单击"Data Object"，创建前文示例中用到的 Person 类，如图 B-15 所示。

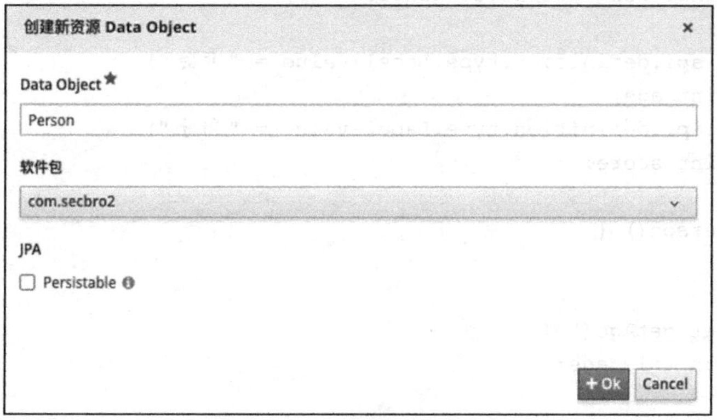

图 B-15 创建实体类

实体类的名称为"Person"，软件包选择"com.secbro2"，单击"+Ok"即可进入实体类的详细设计页面，然后就可以进行实体类的描述、包、父类、具体字段维护等操作。实体类添加字段界面如图 B-16 所示。

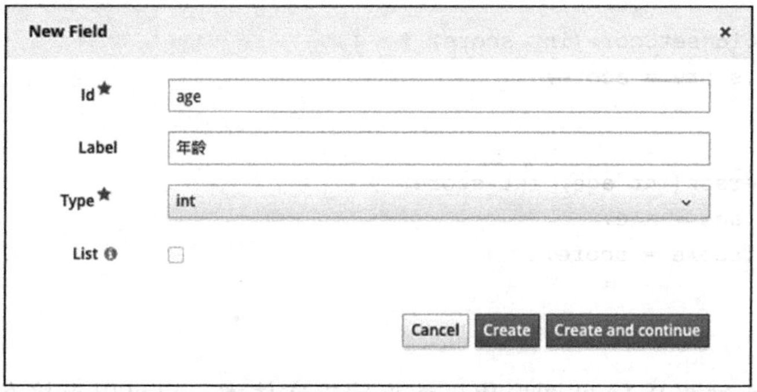

图 B-16 实体类添加字段界面

在实体类的 Source（源代码）界面中，可以看到通过图形化界面创建的实体类的 Java

代码。比如，在 Person 类中我们添加了 age 和 score 两个字段之后，Source 界面中呈现的
代码如下：

```
package com.secbro2;

/**
 * This class was automatically generated by the data modeler tool. (这个类是由数据建
   模工具自动生成的。)
 */
public class Person implements java.io.Serializable {

    static final long serialVersionUID = 1L;

    @org.kie.api.definition.type.Label(value = "年龄")
    private int age;
    @org.kie.api.definition.type.Label(value = "得分")
    private int score;

    public Person() {
    }

    public int getAge() {
        return this.age;
    }

    public void setAge(int age) {
        this.age = age;
    }

    public int getScore() {
        return this.score;
    }

    public void setScore(int score) {
        this.score = score;
    }

    public Person(int age, int score) {
        this.age = age;
        this.score = score;
    }
}
```

我们既可以通过图 B-16 的图形化界面来编辑实体类，也可以直接在 Source 界面编辑
实体类。当客户端需要使用该实体类时，我们既可以直接将源代码复制到项目当中，也可
以单击右上角的"下载"按钮直接下载一个 Person.java 文件到本地，然后将文件复制到客
户端项目当中。

当然，右上角还提供了保持（Save）、删除（Delete）、重命名（Rename）、Copy（复制）、Validate（校验语法）、Latest Version（最新版本，历史版本管理功能）、Hide Alerts（隐藏 / 展示警告信息）等功能。

3. 规则文件

规则文件（DRL file）也就是 Drools 规则文件。在图 B-13 中我们可以看到很多资产类型，本质上该图中的所有内容都可称作资产，比如枚举类（Enumeration）、全局变量（Global Variablecs）、决策表（Decision Table）、记分卡（Score Card）等等。这里以最常见的规则文件作为示例。

单击"DRL file"，创建规则文件界面如图 B-17 所示。

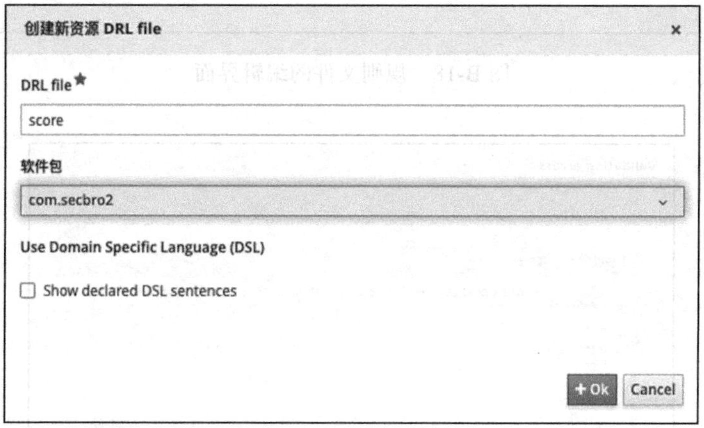

图 B-17　创建规则文件界面

其中，"DRL file"就是 Drools 规则引擎的名称，比如在 Drools 项目中我们使用的score.drl。软件包选择与之前示例一致的 com.secbro2。

单击"＋Ok"即可进入规则文件的编辑页面，这里将第 3 章示例中的规则内容直接复制过来，如图 B-18 所示。

在图 B-18 中，左侧 Model 部分显示可用的实体类，也就是已添加的实体类。核心区域显示的便是具体的规则，可在此处进行规则的编写。当编写完成之后，可单击"Save"进行保存，单击"Validate"进行语法的验证。

在上述规则中，由于 Person 对象并未提供 desc 字段，单击"Validate"验证时，会提示错误信息，如图 B-19 所示。

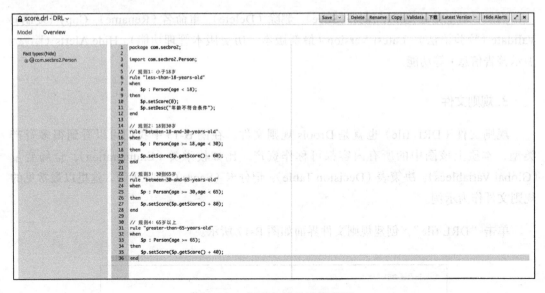

图 B-18　规则文件的编辑界面

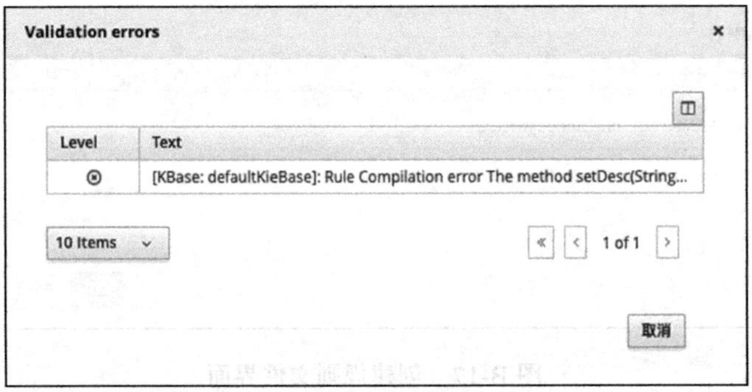

图 B-19　规则文件验证提示错误信息

此时，我们可以调整 Person 对象中的字段，使规则验证通过，从而进行后续操作。

资源的创建，特别是本小节提到的包、实体类、规则文件等的创建，都比较简单，在图形化界面一步步操作就可以基本掌握。Business Central 还提供了规则的向导模式，使创建变得更加简单，大家可以自行尝试，这里就不再介绍了。

B.3.4　KIE Server 的集成配置

在上一小节中，我们完成了规则及其他资产的创建，在部署规则资产前，还需先在 Business Central 中配置 KIE Server 服务。

进入欢迎页，单击"部署"，进入 KIE Server 配置页面，如图 B-20 所示。

图 B-20　KIE Server 配置页面

单击"New Server Configuration"，添加一个新的 KIE Server 配置项，如图 B-21 所示。

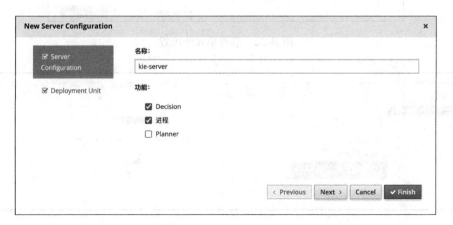

图 B-21　添加一个新的 KIE Server 配置项

输入 KIE Server 的名称，选中所支持的功能，单击"Next >"，进入部署单元（Deployment Unit）的配置，如图 B-22 所示。

配置部署单元时，可直接选择下面已经构建好的项目，系统会自动填充所需信息。当然，也可以手动填写或先空着。单击"√ Finish"，完成配置部署，如图 B-23 所示。

在图 B-23 中，默认完成配置的 KIE Server 并未启动，可单击"启动"来实现服务的启动。正常启动如图 B-24 所示。

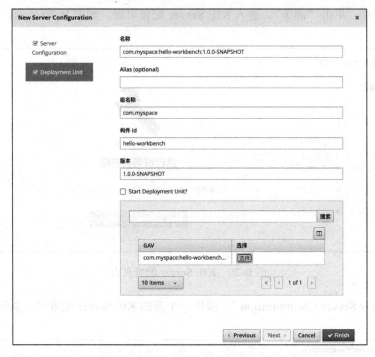

图 B-22　部署单元的配置

图 B-23　KIE Server 配置部署完成

图 B-24　正常启动

至此，基于 Business Central 制作项目规则，并把项目部署到 KIE Server 成功。在实践中，这一步往往会遇到很多问题，导致单击完"启动"，操作页面依旧停留在图 B-23 所示的情况，也就是无法正常找到 KIE Server 或无法成功部署到 KIE Server。

如果你的项目中出现了上述情况，可排查以下几方面：

❑ 启动脚本是否正确，特别是传递参数的 key 值是否正确。

❑ 启动脚本中的账户、密码是否正确，KIE Server 和 Business Central 的账号是否对应。比如在某些版本中，KIE Server 的账号 / 密码必须为"kieserver/kieserver1!"才能够与 Business Central 交互。

❑ 创建 KIE Server 和 Business Central 的账号角色是否配置正确，比如是否缺少 rest-all 的角色。

❑ 如果是远程访问，则对应的 IP 地址不能用 localhost 或 127.0.0.1。

除了上述这些方面外，还可以查询控制台日志，根据日志提供的线索来进行排查和分析。大多数情况下，异常是由权限、用户名密码错误导致的。在某些情况下，如果修改过 KIE Server 的 ID 或用户名密码等参数，也可以查看 bin 目录下 my-kie-server.xml 中配置信息是否与其一致。如果不一致，修改一致后重新启动即可。

B.3.5　规则的测试、构建与部署

至此已经完成了规则项目的创建和 KIE Server 的配置，在配置 KIE Server 时也已经可以直接部署规则项目了——基本工作全部准备完毕，下面来梳理完整的流程以及其中涉及的一些功能点。

在规则项目中创建完规则，就可以进行测试、构建和部署了。

测试（Test）操作功能比较简单，单击"Test"，Business Central 会对整个项目的资产进行测试验证，检查是否有语法错误等。如果有错误信息，则会在底部的 Hide Alerts 中提示，我们可以根据错误信息来判断、查找规则或实体类中的错误。

构建（Build & Install）主要是基于 Maven 将规则项目构建成 KJAR，然后安装（install）到 Business Central 内置的 Maven 仓库当中。构建完成的 KJAR，可以在 KIE Server 配置中直接发布，也可以直接通过 Git 进行拉取。

这里涉及两个内置组件：Maven 仓库和 Git。它们均可以在启动时通过参数的形式来自定义。

```
-Dorg.guvnor.project.m2repo.dir=
```

```
-Dkie.maven.setting.custom=
-Dorg.uberfire.nio.git.dir=
-Dorg.uberfire.nio.git.dirname=
```

如果未设置上述参数, 则采用默认值。在项目的设置功能中可查看 Git 的地址, 如图 B-25 所示。

图 B-25　在项目的设置功能中查看 Git 的地址

可以使用 Git 来将 Business Central 中的项目代码拉取到本地, 拉取协议可以基于 SSH 或 HTTP。默认是本地拉取 (地址为 localhost); 如果是远程拉取, 还需要在启动时配置对应的 IP 地址参数。修改配置参数的代码如下:

```
-Dorg.uberfire.nio.git.http.hostname=192.168.0.9
-Dorg.uberfire.nio.git.ssh.hostname=192.168.0.9
-Dorg.uberfire.nio.git.ssh.host=192.168.0.9
```

在使用本地 Git 拉取时, 还需要配置对应的凭证信息, 单击图 B-26 所示界面右上角齿轮图标, 单击 "SSH Keys", 可以配置凭证信息。

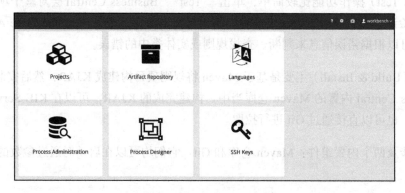

图 B-26　Git 拉取时配置凭证信息

密钥已经生成 SSH，在 SSH Keys 中配置对应的公钥信息即可。Git 仓库的磁盘存储位置在 bin/.niogit 目录下。

在 Validation 中可以看到默认使用的 Maven 配置，如图 B-27 所示。

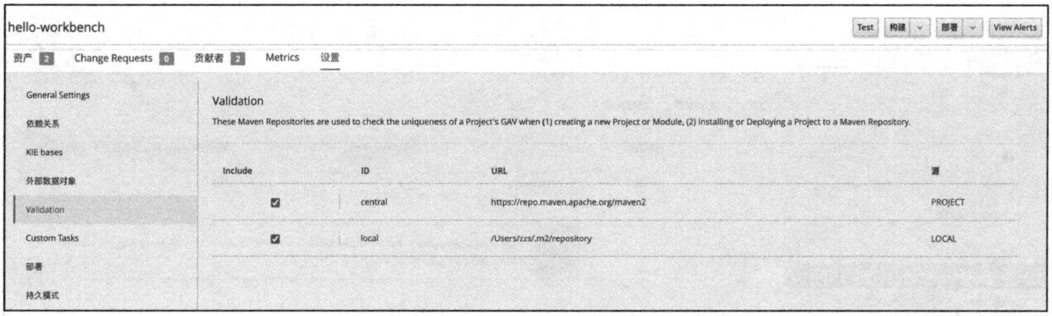

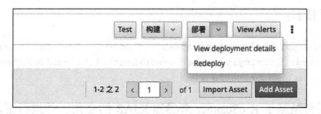

图 B-27　Maven 配置信息

这里是 Business Central 创建、构建项目时用于检查项目 GAV 唯一性的默认 Maven 配置，除了远程 Maven 仓库之外，本地采用的是安装 Maven 时默认的仓库地址。

当执行完构建之后，Business Central 会将构建的 KJAR 放在 bin/repositories 目录下。访问路径为 http://192.168.0.9:8080/kie-wb/rest/maven2/com/myspace/**/**.jar。

最后，我们来看一下部署的操作，单击项目中"部署"旁边的下拉按钮，可看到两个选项，即 View deployment details 和 Redeploy，如图 B-28 所示。

图 B-28　KJAR 部署

其中，View deployment details 是直接调转到图 B-24 所示的部署详情界面，在该界面可以单击"Add Deployment Unit"来添加要部署的项目。此处对应的操作参见 KIE Server，不再赘述。

Redeploy 即重新发布，单击"Redeploy"，部署程序会在后台执行，最终显示执行成功与否的结果。注意这里的执行会有两种情况：第一种是执行时存在同名的项目，也就是会覆盖原来已发布的 KJAR；另外一种情况是，执行时并不存在同名的项目，则会直接发布。

也就是说，如果你在发布项目时进行了重命名，那么就很可能会发布两个名称不同、内容相同的项目。

除了上述手动部署之外，还可以利用 KIE Server 中部署项目的自动扫描功能来自动感知项目的变动，进行自动的发布，如图 B-29 所示。

图 B-29　自动发布

在部署项目的版本配置中，设置扫描程序的时间间隔，比如 1000，单位为毫秒，然后单击"启动扫描程序"。此时，Business Central 会监听 KJAR 项目的变动情况，如果进行了新的构建（Build & Install），则内置的 KieScanner 会针对指定版本的 KJAR 进行自动部署。

当在图 B-29 所示界面，修改了项目中的部分内容后，单击"构建"（Build & Install），控制台会输出如下日志：

```
INFO  [org.kie.api.builder.KieScanner] (Timer-3) The following artifacts have
    been updated: {com.myspace:hello-workbench:1.0.0-SNAPSHOT=com.myspace:hello-
    workbench:jar:1.0.0-SNAPSHOT}
```

可以看到，后台是基于 KieScanner 来感知 KJAR 的变化，并进行更新操作的。这也是 KieScanner 的典型应用场景。

Business Central 的定位是满足一些风控和金融等项目业务场景的需求，在这些场景中相应的决策资产文件都不会太大，它们基本上都是由与示例类似的规则文件和 JavaBean 构成的。如果你在项目中依赖了很多三方依赖，进行了很多复杂的业务逻辑计算，那么 Business Central 在进行依赖解析时会花费大量时间，从而导致构建操作非常慢，甚至达到 10 分钟以上，那么此时可以考虑用自主研发的方案来替代使用 Business Central 的方案了。

关于项目的测试、构建和部署，大家就先了解这么多，可以动手尝试了。

B.3.6　开发模式与生产模式

通过 Business Central 部署项目，通常会区分开发模式（Development Mode）和生产模式（Production Mode），对应的部署环境也区分为开发环境和生产环境。

在项目的菜单中，可以配置该项目当前的模式是否开发模式，如图 B-30 所示。

图 B-30　开发模式设置（在 Business Central 中）

新创建的项目，其默认模式为"Development Mode"，项目发布的 KJAR 名称中会带有"-SNAPSHOT"后缀。通过单击"ON/OFF"开关，在开发模式和生产模式之间切换。

那么，开发模式和生产模式有什么区别呢？开发模式提供了一个灵活的发布策略，可以直接更新已经存在的部署单元。在上一小节中，我们实践的 Redeploy 就属于开发模式下的部署。这种部署模式无须重新启动 KIE Server，即可进行 KJAR 和实例的替换。在生产模式下，每个部署都会创建一个新的部署单元，不会更新和覆盖之前的部署单元，此时项目的 Redeploy 功能是不可用的。

默认情况下，KIE Server 和所有项目都是开发模式的，如果要部署生产环境，需要将其设置为生产模式。图 B-30 所示为在 Business Central 中的配置；针对 KIE Server 的配置，可在启动的系统参数中进行配置。

```
org.kie.server.mode=development
// 或
org.kie.server.mode=production
```

另外，如果 KIE Server 处于生产模式，设置为开发模式的 KJAR 项目或手动在 KJAR 名称中添加"-SNAPSHOT"是无法进行部署的。

开发模式旨在方便开发调试，生产模式主要确保服务及部署单元的稳定性。在实践中大家需要留意相关配置及规则。

B.3.7　KIE Base 与 KIE Session 的配置

在学习 Drools 基础语法时，我们知道 KJAR 项目中会包含一个 kmodule.xml 文件，在其中可以配置 KieBase 和 KieSession。实践中，在需要规则和业务之间相隔离等场景下，这两项配置是必备可少的。那么，在 Business Central 中如何配置它们呢？这小节来单独介绍。

如图 B-31 所示在规则项目的设置项中，有一项"KIE bases"设置，在这里我们可以通过图形化操作来配置 KieBase 和 KieSession。具体配置的层级关系和属性，与 kmodule.xml 是一致的，只是将 XML 的定义，以图形化操作的方式呈现出来。如图 B-31 所示。

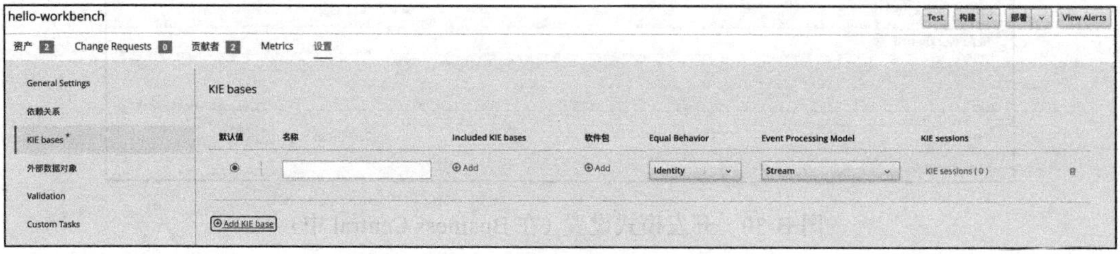

图 B-31　KIE bases 设置

依次单击"设置"→"KIE bases"→"Add KIE base"，即可进入图形化操作页面。

对应的配置项依次为：

❑ 名称：KIE Base 的名称，对照 kmodule.xml 中的 kbase 元素的名称。

❑ Included KIE bases：对照 kbase 的 includes 属性，配置包含的 kbase。

❑ 软件包：对照 kbase 的 packages 属性，用于配置该 kbase 扫描的规则包。

❑ Equal Behavior：对照 kbase 的 equalsBehavior 属性，指定 Fact 对象的比较模式，默认为 identity，也可设置为 equality（通过 equals 和 hashcode 方法比较）。

❑ Event Processing Model：对照 kbase 的 eventProcessingMode 属性，设置事件处理模式，默认为 cloud，即云模式，也可以配置为 stream，即流模式。

❑ KIE Sessions：对照 kbase 的子元素 ksession。

KIE Session 的添加操作，如图 B-32 所示。

图 B-32　KIE Sessions 的添加操作

KIE Server 的添加也与 kmodule.xml 一致，分别包含名称、状态（stateless/statefull）、时钟以及 Listener（监听器）等。大家对照配置即可，这里不再展开介绍。

通过上述配置方式，我们可以将规则项目中的规则通过 KIE Base 或 KIE Session 进行不同维度的划分，方便业务系统的调用。

B.3.8　生产环境中的版本管理

在开发模式与生产模式中，我们提到生产模式是不可以进行 Redeploy 操作的，每次发布都会重新发布一个部署单元。如果生产模式中的规则在每次发布时都需要先删除旧的，再重新添加新的，这会导致业务的中断。那么，生产环境中的规则需要升级时，该如何处理呢？

针对这种情况，KIE Server 为我们提供了对应的解决方案。在附录 A KIE Server 的客户端调用中，使用到了如下的代码：

```
// 获取客户端对象，并调用执行命令
String containerId = "hello";
RuleServicesClient rulesClient = kieServicesClient.getServicesClient(RuleService
    sClient.class);
ServiceResponse<ExecutionResults> executeResponse = rulesClient.executeCommandsW
    ithResults(containerId, batchCommand);
```

在上述代码中 containerId 变量对应的就是部署单元的名称或别名，为了确保发布新版本之后，客户端代码无须修改，首先要保证的就是一个项目发布单元的名称或别名始终一致。

在保证了部署单元名称一致之后，只需在规则项目的设置中升级版本号即可。比如，在图 B-30 中，通过单击"ON/OFF"开关切换为生产模式（即把开发模式关闭），项目的版本为 1.0.0（没有"-SNAPSHOT"后缀）。当需要发布新版本时，将原来的版本号 1.0.0 改为 1.0.1 或更高，然后执行构建、部署命令，就会在 KIE Server 中重新部署一个版本为 1.0.1 或更高版本的部署单元。此时，KIE Server 中会同时存在两个或多个名称相同但版本不同的部署单元，在客户端发起调用时，KIE Server 会自动选择最新的版本。也就是说，当新的版本发布之后，KIE Server 会自动切换到最新版本，而历史版本便可以被停掉或删除。这里的版本定义规则遵循 Maven 中的版本序列规则。

B.4　基于 Spring Boot 的调用实践

在学习 KIE Server 时，我们曾通过一个简单示例来调用 KIE Server。这里，我们将该示例稍微拓展一下，以基于 Spring Boot 集成 Java 客户端的形式来调用通过 Business Central 发布到 KIE Server 中的规则。这本质上与直接通过 Java 客户端调用一致，重点展示在实践中客户端 API 如何与 Spring Boot 配合使用。

通过 Business Central，我们将前面编写好的规则重新在开发环境中发布为 1.0.1-SNAPSHOT 版本，在添加部署单元时起一个别名 "hello-workbench"，也就是后面用到的 containerId。准备好新的规则之后，进行 Client API 与 Spring Boot 应用的集成。

整个示例达到的效果就是：通过浏览器访问 Spring Boot 的业务接口并传递参数，业务调用 KIE Server 中部署的规则，获得返回结果之后，呈现给浏览器。

B.4.1 创建 Spring Boot 项目

创建一个 Spring Boot 项目，并添加 spring-boot-starter-web 和 kie-server-client 依赖，代码如下：

```
<dependency>
    <groupId>org.springframework.boot</groupId>
    <artifactId>spring-boot-starter-web</artifactId>
    <version> 2.6.2</version>
</dependency>
<dependency>
    <groupId>org.kie.server</groupId>
    <artifactId>kie-server-client</artifactId>
    <version>${kie.version}</version>
</dependency>
```

这里使用的 kie-server-client 版本为 7.70.0.Final，Java 版本为 8，Spring Boot 版本为 2.6.2。

```
<properties>
    <java.version>8</java.version>
    <kie.version>7.70.0.Final</kie.version>
</properties>
```

关于其他内容，如 pom.xml 的内容，大家直接参考示例代码（drools-chapter8-spring-boot-rest）即可，这里不再详细展示。

B.4.2 添加配置文件和实体类

这里将调用 KIE Server 的 API 参数，放入 Spring Boot 项目的 application.properties 中。

```
server.port=8082
kie.containerId=hello-workbench
kie.server.user=kieserver
kie.server.pwd=kieserver1!
kie.server.url=http://localhost:8080/kie-server/services/rest/server
```

同时，在 Spring Boot 项目中创建 Person 的实体对象。这里既可以直接从 Business Central 中复制，也可以单独创建，还可以直接从 Business Central 下载 KJAR 进行依赖。这里采用复制并微调修改的形式，代码如下：

```
package com.secbro2;

public class Person implements java.io.Serializable {
    static final long serialVersionUID = 1L;
    private int age;
    private int score;
    private String desc;
    // 省略构造方法和 getter/setter 方法
}
```

完成了上述基本准备之后，便可以集成 KIE Server API 和业务逻辑处理部分了。

B.4.3　通过 REST API 调用 Drools 规则

这里封装一个 Service 层，其中通过 REST API 来调用 KIE Server 中部署的规则。

```
@Service
public class HelloService {

    @Value("${kie.containerId}")
    private String containerId;

    @Value("${kie.server.user}")
    private String user;

    @Value("${kie.server.pwd}")
    private String password;

    @Value("${kie.server.url}")
    private String url;

    private String outIdentifier = "response";

    public Person calculateIncomeTax(Person incomeObj) {

        KieServicesConfiguration config = KieServicesFactory.newRestConfiguration
```

```
            (url, user, password, 60000);
        config.setMarshallingFormat(MarshallingFormat.JSON);

        RuleServicesClient client = KieServicesFactory.newKieServicesClient(config)
            .getServicesClient(RuleServicesClient.class);

        BatchExecutionCommand batchExecutionCommand = batchCommand(incomeObj);
        ServiceResponse<ExecutionResults> result = client.executeCommandsWithRes
            ults(containerId,
            batchExecutionCommand);

        Person response = null;
        if (result.getType() == ServiceResponse.ResponseType.SUCCESS) {
            response = (Person) result.getResult().getValue(outIdentifier);
        } else {
            System.out.println("Something went wrong!");
        }
        return response;
    }

    private BatchExecutionCommand batchCommand(Person incomeObj) {
        List<Command<?>> cmds = buildCommands(incomeObj);
        return CommandFactory.newBatchExecution(cmds);
    }

    private List<Command<?>> buildCommands(Person incomeObj) {
        List<Command<?>> cmds = new ArrayList<>();
        KieCommands commands = KieServices.Factory.get().getCommands();
        cmds.add(commands.newInsert(incomeObj, outIdentifier));
        cmds.add(commands.newFireAllRules());
        return cmds;
    }
}
```

　　其中 Client API 相关基本使用方法与附录 A 中调用 KIE Server 的 API 使用方法一样。在实践中，我们可以根据需要将上述代码中的 API 调用进一步封装为功能方法，以便业务系统调用。

　　上述代码中，通过 @Value 注解引入了在 application.properties 中配置的 Drools 规则信息和 KIE Server 链接信息等。通过注入的配置参数，创建了 KieServicesConfiguration 对象。然后，基于配置信息，通过 KieServicesFactory 创建 RuleServicesClient 实例，用于执行具体的 Drools 命令。通过 KieCommands 可以创建要执行的命令，可将一系列 KieCommands 封装到 BatchExecutionCommand 中，实现批量执行。

　　其中，outIdentifier 变量用于设置插入（insert）工作内存中的实体对象的唯一标识，这样在执行完规则之后，就可以通过该唯一标识获得实体对象，进而获得经过规则处理之后的实体对象。

上面完成了基础服务的封装，下面再提供一个 REST API 以便可以通过浏览器等方式调用，代码如下：

```
@RestController
public class HelloController {
    @Resource
    private HelloService helloService;

    @GetMapping("/hello")
    public ResponseEntity<Person> getIncomeTax(@RequestParam(name = "age")
        Integer age) {
        Person person = new Person();
        person.setAge(age);
        return new ResponseEntity<>(helloService.calculateIncomeTax(person),
            HttpStatus.OK);
    }
}
```

HelloController 提供了一个基于 Get 请求的"/hello"接口，并接收 age（年龄）参数，依据传入的不同年龄值，Person 对象经过规则处理之后，获得不同的结果，结果信息放在 Person 的 desc（结果描述）字段中。

在浏览器中访问 http://localhost:8082/hello?age=10，获得返回结果为：

```
{
    "age": 10,
    "score": 0,
    "desc": "年龄不符合条件"
}
```

可以看到，规则成功执行，并且进行了相应的业务逻辑判断，小于 18 岁则提示"年龄不符合条件"。其他参数值的逻辑判断，可以通过改变 age 参数值来验证。

至此，关于 Spring Boot 中集成 Client API 的示例讲解完毕。上述示例较为简单，主要目的是向大家演示基本的使用逻辑及流程，并没有进一步做通用性代码封装，大家在实践中可根据不同的场景和项目架构进一步提炼、封装为功能方法，优化代码和架构设计。